200道
鍋煮美食輕鬆做

惹味肉香鍋×香濃海鮮鍋×各國好湯

喬安娜・費羅（Joanna Farrow）/著　關仰山/譯

contents
目錄

本書使用說明

本書食譜中茶匙、湯匙的容量標準如下：

1 1 湯匙 =15 毫升

2 1 茶匙 =5 毫升

3 使用烤箱前需預熱至特定溫度，如果是帶風扇的烤箱，請根據說明書適當調整使用時間和溫度。

4 除非有特別的說明，否則香草一般採用新鮮的。

5 除非有特別的說明，否則雞蛋一般採用中等大小的。

6 除非另有說明，應採用磨碎的新鮮胡椒。

本食譜包括使用堅果或用堅果加工品食材。凡是已知對該類產品敏感，或可能對該類產品過敏的人士，如懷孕或哺乳中的母親、病人、長者、嬰孩和兒童，請盡量避免食用。如使用預先準備好的食材，請先檢查標誌，提防食材含有堅果加工品。

introduction
前言

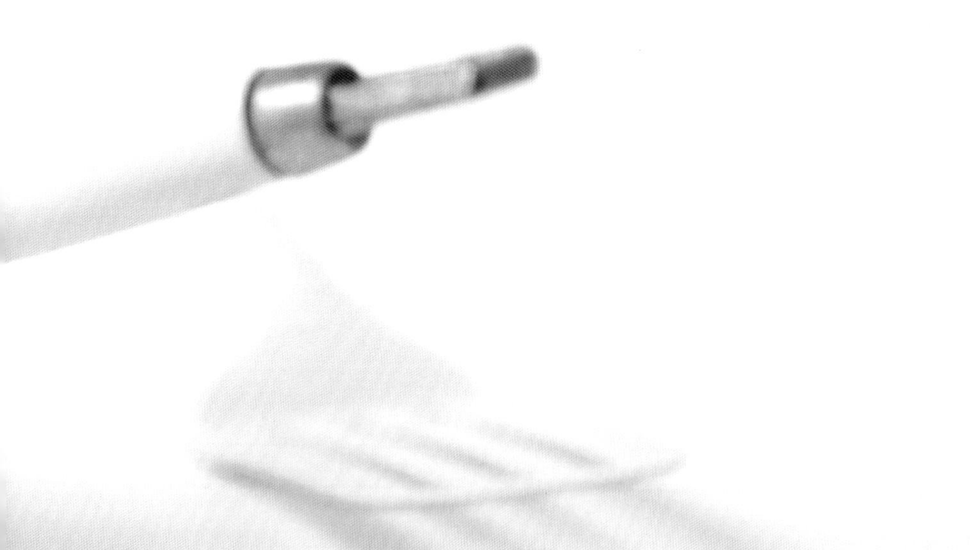

前言

如果要吃容易煮而且步驟不繁複的菜式，沒有甚麼比一鍋煮熟更合你心意。一鍋煮可以是美味碟菜；也可以是適合冬天、令人感覺和暖的砂鍋；可以是從炆燉到清湯，飯食到烘烤蔬菜。顧名思義，一鍋煮就是把這道菜的食物全都放進一個煮鍋裡，通常先煎肉類、蔬菜或魚，然後加入各種食材，慢火烹煮，讓味道逐漸融合、深化菜式。這種煮法不單事前準備容易，飯後也少了清潔工作。一鍋煮的烹調時間也具彈性，大多數一鍋煮的菜式，烹調時間比預訂時間稍長也不會煮壞，實在是容易控制又美味的菜式。

煮食用具

要煮好鍋中美食，首先要在容量較大、耐用的炊具作投資。用具合適，煮起來更得心應手。如果你尚未購置，下面一些炊具值得考慮。

隔爆型砂鍋（Flameproof Casseroles）

這是用途最多、最實用的一鍋煮炊具，在這本食譜的菜式中亦頻頻出現。通常在準備工作就已經派上用場，在火爐上煎炒蔬菜或肉類，然後添加其他食材，轉放入焗爐。配有防熱手柄的隔爆型砂鍋大小尺碼不同，而且設計款式出眾，方便從火爐或焗爐直接拿去上桌。如果你沒有焗爐可用的煎鍋，可先在火爐用煎鍋煎炒食材，然後把食材轉入焗爐適用的砂鍋盤，以完成焗爐部分的步驟。

平底鍋（Saucepans）

一個品質優良、重型的平底鍋是很好的投資，煮菜中途不會拗彎、燒焦或搶火。它傳熱快捷，就算放在燃燒的爐頭後座，也不怕黏到外面的食物，把鍋底燃著。如果你沒有隔爆型砂鍋，一個容量較大、配有方便手握的雙重焗爐耐熱手柄的重型平底鍋是合適的代替品。

煎鍋（Sauté Pans）

煎鍋是闊口淺鍋，比炒鍋深，對需要先慢

火煎肉或魚類，再加入清湯、酒和液體的菜式特別合用。若不想特意買一個煎鍋，一個大型、高身的炒鍋是合適的煎鍋代替品，煎炒時就不怕食物會從鍋裡飛出。

炒鍋（Frying Pans）

本食譜中有好幾道菜式都需要用到大型重身的炒鍋。炒鍋方便煎炒食材和添加材料。有些炒鍋會配蓋子，若沒有蓋子亦可用鋁箔紙代替。若要封上炒鍋的鍋邊。用烘烤板亦可。

鑊（Woks）

鑊對慢火滾煮、蒸、炸或炒都很好用。圓底的設計，是全鑊加熱平均、煮得更快更均勻的原因。當你的炒鍋不夠大，盛載不下該道菜式的所有食材時，鑊就特別合用。用煤氣爐可選擇圓底的鑊，電磁爐則可選擇稍帶平底的。

烤盤（Baking Dishes）

當一鍋煮的食材不用預先煎炒處理，只需混集在一個器皿中烤焗時，淺烤盤能直接上桌，是最佳的選擇。

燒烤鋁箔（Roasting Tins）

鋁箔要選能耐高溫那種，可放進焗爐或火爐上，基本上不會彎曲或燒焦。本食譜中有些菜式要用到大片的鋁箔紙，讓食物有充足空間燒烤變色。買那些最大面積的，好能貼合焗爐。

浸入式攪拌器（Immersion Blenders）

亦稱為棒型或手動式攪拌器，特別適合在烹煮食物的鍋中攪拌湯料，節省清洗時間。可用獨立式食物處理器或攪拌器代替。

烹調技巧

鍋煮美食烹調時常重覆運用一些你不一定熟悉的技術，以下的烹調技巧值得花點心思細閱，有助成功烹調出美味的菜式。

煎肉

把食材徹底煎熟，尤其是肉類和雞肉，是一鍋煮烹調成功其中一項重要元素。這個烹調過程令食料釋出香味，並令炆燉、砂鍋或鍋燒煮法增添濃厚的色澤。先徹底吸乾肉類表面的血水，如有需要，可用幾層廚房紙印乾水分，然後醃味或拍上麵粉（見下段）。先把脂肪放進砂鍋或炒鍋加熱，

然後放入肉片，把肉片分開放入，肉片與肉片之間留有空間，避免肉片於鑊中重疊而受熱不均勻。肉片亦應分批放入，不要一下子放太多，否則肉汁很快蒸發。煎肉片時可輕搖炒鍋，但不要急於翻轉肉片，等一面轉至焦黃色，才用木鏟翻轉，煎到兩面焦黃，用濾網盛出，再煎下一批。如要用砂鍋燒烤，也可用同一方法，先把整塊肉或雞煎香，把關節放到油裡煎香，肉塊頭尾部分也要煎香。通常加牛油到植物油中同煎（宜使用少鹽牛油）。牛油可增加香味，植物油可防止燒焦。

肉類拍上麵粉

有時在煎肉類前拍上麵粉，有助添加肉類顏色，但若用於煮炆燉或砂鍋時，會使肉汁變稠。先用鹽和胡椒粉把麵粉放於淺碟調味（參照食譜菜式的做法），用手拿起肉類，把肉放進麵粉，再翻轉另一面上粉。不要把淺碟剩下的麵粉棄掉。煎肉時可逐小加入煎鍋，有助令肉汁變稠。

蕃茄去皮

蕃茄皮久煮不軟，所以最好除去。摘去蕃茄莖枝，用小刀在蕃茄表皮割一裂口，把蕃茄放入耐熱碗內浸熱水約 30 秒，蕃茄變熟後即可取出，若蕃茄較生，則可浸幾分鐘。倒去熱水，換成浸凍水。撕去蕃茄表皮，按需要把蕃茄開半或切碎。

磨碎香料

用磨咖啡豆機或磨香料機最適合，杵與臼是較傳統的方法，用碗加　麵杖亦可。將一條小茶巾放在香料面上，可防止香料在磨碎的中途溢出。沒必要用太多時間把香料籽磨成粉，略略椿碎即可。

雞或珠雞去骨

本食譜裡部分菜式需用去骨雞或珍珠雞，市面上或許不見有售。可按照下面簡單幾個步驟自己動手去骨。這個技術很有用，褪下的骨頭可用作煮清雞湯（見 P. 65）。在禽鳥腿部和胸部之間從皮到肉直切下。扯開禽鳥的腿部，直至露出禽鳥腿部的杵

臼關節。反方向拗腿骨，拉斷關節，然後用刀尖把附在關節上的肉剔出。用同一方法褪下另一隻腿。

如果要禽鳥翅膀較多肉，割開時可連著小部分胸肉。拉直翅膀，對角割至胸部背下。用刀找出翅膀關節的杵臼，割下翅膀。用同一方法褪去另一隻翅膀。

用刀從禽鳥胸部垂直切下到胸骨，把刀架在骨架，避免浪費禽肉，用一隻手把胸肉從骨架拉出，用小刀把肉從胸骨中分離。用同一方法褪去另一邊的胸肉。

把禽鳥腿肉放到砧板上，帶皮部分朝下，拗開禽腿找出關節原來部位（通常這裡有一小片白色脂肪，把刀瞄準該處），用刀切下，把腿肉分成兩塊。用同一方法分開另一隻腿肉。

把每塊胸肉打橫切開作兩塊。

食材

選用品質優良的食材，一鍋煮已成功一半。可在儲物廚櫃內儲存大米、扁豆、油、香料和調味料等能長期存放的食材，其餘食材盡量選購最新鮮的。

肉類（Meat）

牛肉應該呈深暗紅色，有時接近紫色，瘦肉上遍佈脂肪斑紋。這些線狀脂肪斑紋令肉烹煮時保持潤澤多汁。肉表面的脂肪應呈現奶白色，無論肥瘦，肉質都應該乾身而非濕漉漉。乾式熟成牛肉（Dry-aged beef）要選天然風乾的。雖然羊肉的顏色視乎羊的年齡存在差異，新鮮的羊肉也應呈鮮紅色。豬肉脂肪較白，瘦肉呈玫瑰粉紅色，亦應乾身。豬排和牛排應厚度一致，煮時可均勻受熱。骨頭末端應鋸斷整齊，沒有碎骨，捲好的腿肉應以專業的做法整齊地綁起來。避免買脂肪全部移除的肉塊，因為烹煮肉類時，脂肪有助釋出香味，維持肉汁。

魚類（Fish）

全條的魚應選眼睛色澤光亮、眼珠突出，而非凹陷乾涸。魚身表面應平滑、新鮮帶光澤飽滿，像剛捕捉到一樣。魚肉應結實，

魚肚完整沒有破裂（魚肚破裂顯示不夠新鮮），這對油性魚類特別重要。魚柳看來應潤濕多水分，魚肉應黏貼結實。不要買那些暗啞、參差，看來乾巴巴的。油性魚類如鯖魚、沙甸魚和鯡魚容易變壞，購買時要特別小心選擇。

香草：新鮮與冷凍（Herbs）

香草是最能引起食慾的食材，可以加進任何菜式，隨意使用，其香氣和芳香味道能充分配合及襯托任何肉類、魚類或蔬菜。較耐寒的香草像月桂葉、百里香和迷迭香通常在開始烹煮初期添加，而較精巧的香草則在快將煮好後才拌入。常備可雪藏的香草對烹調甚至幫助，尤其是精巧的香草如細香葱、龍蒿、茴香和莳蘿。如果你購入太多新鮮香草用不完，可把它們切碎，放進袋子後冰凍，以便日後使用。

油（Oils）

本食譜大多數菜式用橄欖油作煎炒，這個做法特別適合地中海菜式。有些橄欖油加了其他味道，如月桂葉、蒜頭或辣椒，這些都宜作煎炒，辣椒油最好分開使用，因為有些牌子非常辛辣。其他菜式常用植物油，如葵花籽、粟米或花生油。有幾個亞洲菜用煎炒所用的油，都是加了調味，如蒜頭和薑，均可用普通植物油代替。

加味油（Flavoured oils）

加味油自製方便簡單，如果你在準備菜式時沒有用完香草，或者自己的花園有種植

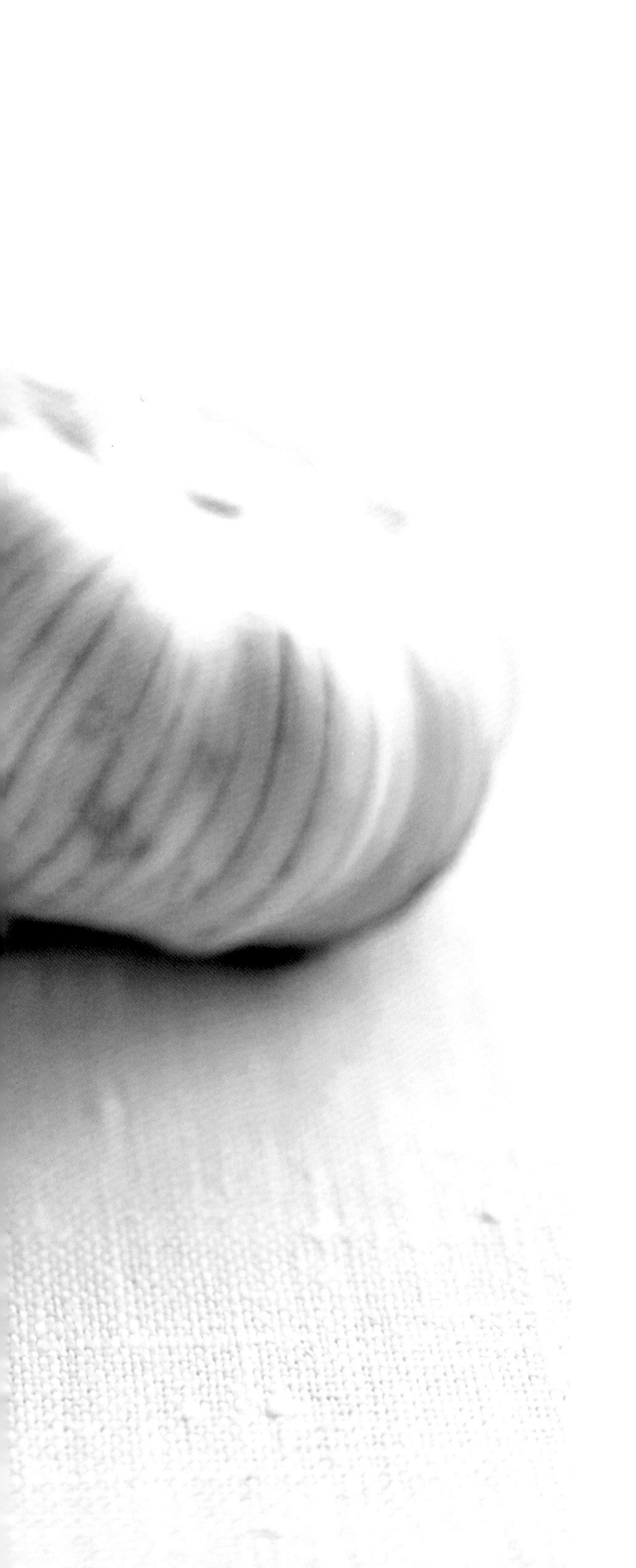

香草的習慣，都值得一試。可用單一的香草，也可混合幾種，選用較淡的橄欖油或葵花籽油作底油，把迷迭香、羅勒、百里香、月桂葉、香芹或龍蒿塞入瓶子，可以另加幾瓣蒜頭或切成細條狀的檸檬。把瓶子灌滿油，放在陰涼角落幾星期，間中搖晃。製成後，可把油注入另一乾淨瓶子，加小枝新鮮香草作裝飾（尤其是送給別人作為禮物時特別好看），保存在陰涼處即可。自製可參看 P.121。

蒜頭（Garlic）

如果你並非蒜頭愛好者，烹調鍋煮菜式可以不用蒜頭。如果你喜歡蒜頭味道，不妨重手一點。蒜頭放在冰箱雖然可以長時間保存，但仍會慢慢變壞，故此使用前蒜頭亦應先檢查一下：蒜頭應該結實潤澤，而非乾枯灰暗。壓蒜頭器能輕鬆地壓碎蒜頭，但用利刀和砧板也很快捷容易，省了清潔工夫。用刀面壓著一瓣蒜頭，用手掌座力壓下去。這會令蒜肉同蒜皮分開，蒜頭變軟身。去皮，把蒜肉切細，用刀面壓向砧板壓碎。壓碎時加點鹽，有助壓開蒜頭和避免滑刀。

生薑（Fresh root ginger）

生薑是鍋煮菜式主要添加的材料，又香又辣，尤其適用於亞洲和印度菜式。挑選飽滿的而少結的生薑，容易去皮。先切去難去皮的帶結部分，然後用馬鈴薯削皮器或用茶匙邊刮去薑皮，切碎磨細，收集來榨薑汁。

藏紅花（Saffron）

藏紅花價錢昂貴、味道奇特，特別合用於魚類菜式和香料菜式，包括最經典的西班牙燴飯。藏紅花可直接下鍋，或先浸泡熱水以釋出味道。放耐熱碗中，用手指揉碎，加一茶匙熱水，放在一邊浸泡幾分鐘，連料帶汁同用。

酒（Wine）

無論紅酒或白酒，都有助增添鍋煮菜式的香味，無論豐富的肉類野味菜式或清淡的魚類蔬菜菜式都十分適合。一般通則是用較廉價而自己又飲用的酒。大多數情況下，紅酒適用於肉類野味，白酒適用於雞和魚。如果你有飲剩的酒，可加添進一鍋煮中，代替相同分量的清湯。

香料（Spices）

足夠分量的香料可增加鍋煮菜式的多樣性，但香料放得太久會變壞。檢查你的貯藏，如果香料已失去香味，甚或全無氣味，可以棄掉。對大多數菜式來説，最好購買全粒顆的，如孜然籽、芫荽籽、茴香籽、豆蔻，回家再磨碎（參看 P.8）。

清湯（Stock）

無論魚類、肉類、禽類還是蔬菜，美味的清湯對鍋煮菜式都最為必要。現時隨時可買到適宜儲存廚櫃作為備用、品質良好的清湯粉劑、以及濃縮清湯，店舖也有自製即用清湯出售，有些是真空包裝，不用冷藏，有些開封後放在冰箱冷卻格可以放上幾天。不過，選擇自製才有最佳的風味，只需用上新鮮或煮熟的骨頭作材料。雖然開始時花點工夫，烹煮時卻不太費神。煮好冷卻後，濾過的清湯可放進緊密上蓋的容器或冷卻袋，存放冰箱的冰格長達 6 個月。可參考下面的自製清湯食譜，雞湯在 P.65，牛肉湯 P.41，羊肉湯 P.42，蔬菜湯 P.118。

蕃茄醬（Tomato purée）

以蕃茄濃縮而成的蕃茄醬是家中儲藏櫃的基本調味料，在鍋煮菜式中加入蕃茄醬能令味道更濃郁、顏色更鮮豔。曬乾蕃茄醬（Sun-dried tomato paste）味道較甜，比較適合地中海菜式。

伴食

本食譜的菜式設計，一道菜就足以解決一餐，但如果胃口較佳，可在菜式煮好前預先加熱麵包。這是最省工夫的一鍋煮伴食，可以塗抹菜式的醬汁於麵包上。一道忌廉馬鈴薯蓉或牛油拌青菜，與冬日的炆燉菜式伴食同樣是極佳的配搭。混合沙律或青菜香草沙律亦是容易準備的配菜。即食飯麵也是不錯的選擇，容易翻熱。若要攪拌進菜式中上桌，北非小米飯（Couscous）或伏爾加麥（Bulgar wheat）是最省工夫的伴食，尤其適用於北非和中東菜式。

必要的香草

羅勒（Basil）
最好在菜式快將煮好前加入芬香美味而精巧的羅勒，把葉子從枝幹摘下，粗切或撕碎放進去。主要使用於地中海菜式，尤其是以蕃茄為基本材料的菜式。

月桂葉（Bay）
這些較耐寒的香草葉在開始烹煮時放入，因為月桂葉需要時間出味。月桂與香芹、百里香的配搭特別可口，多在慢煮的多肉菜式中使用。

細香葱（Chives）
細香葱有較溫和的洋葱味道，對菜式提味特別有用，可加進炆燉和砂鍋菜式，也可加到沙律中作為伴食。細細切碎或用剪刀剪碎即可，特別適用於魚類、雞和蔬菜類菜式。

芫荽（Coriander）
芫荽很容易與扁平葉的香芹調亂，芫荽葉子較圓、較精巧。切碎葉子和莖部，加進味濃的菜式。把大量芫荽灑到菜式表面，其香味能刺激食慾。

蒔蘿（Dill）
蒔蘿外表精巧，如羽毛的葉子，頂端亦像茴香（所以是很好的代替品），帶溫和的茴香味道。除去硬莖，細切餘下部分，可加進魚類或蔬菜菜式。

披薩草（Oregano）
耐寒的披薩草最好從莖部摘下來，切碎加入肉類、雞或蔬菜等一鍋煮菜式。在希臘和意大利風味的菜式中，披薩草是常用香草。

香芹（Parsley）
無論捲葉或扁平葉種，香芹在肉類、魚類和蔬菜一鍋煮菜式中都不可或缺。香芹的莖部和葉都可用。

迷迭香（Rosemary）
把針形葉子從莖部拔出，細切後加入菜式，可整枝使用。細切的迷迭香應節制地使用。迷迭香最適合於羊肉菜式。

鼠尾草（Sage）
顏色斑駁或紫色的鼠尾草皆可用，可切碎或整顆使用。鼠尾草最適用於肉類和蔬菜類菜式，特別是豬肉和煙肉。

龍蒿（Tarragon）
精巧，細狀的龍蒿葉帶茴香味道，用時從莖部拔出，切碎放進雞、肉類、魚類或蔬菜類菜式即可。

百里香（Thyme）
百里香幾乎適用於全部慢火一鍋煮的菜式中。耐寒的百里香，應從莖部摘下葉子，於開始烹煮時加入。柔軟幼嫩的莖部可先切碎，於稍後加入。

meat
惹味鮮肉鍋

蠶豆茴香羊柳
Lamb With Broad Beans & Fennel

準備時間：10 分鐘
烹製時間：2 小時 45 分鐘

材料

羊柳 1 公斤
白麵包屑 50 克
茴香莖（Fennel bulb）2 個，去柄，切成三角薄塊
去莢蠶豆 200 克
檸檬 1 個，榨汁 1 湯匙，留下檸檬皮絲
香芹（巴西利）25 克，切碎，另外準備小量作伴菜（擺盤）
蒜頭 4 瓣，壓碎
特級初榨橄欖油 3 湯匙
不帶甜味的白酒（Dry White Wine）或**清雞湯** 100 毫升（自製見 P.65）
黑糖漿 2 湯匙
鹽和胡椒粉適量
橄欖意大利拖鞋麵包（Ciabatta），作伴菜，現成即食

作法

1 羊柳切成 5 厘米（公分）長，切走多餘脂肪。放於一個大碗內，加入麵包屑、茴香莖、蠶豆、檸檬皮、香芹碎和蒜頭。拌勻配料，放入砂鍋。
2 橄欖油、白酒或雞湯、檸檬汁及黑糖漿攪拌均勻，淋在羊柳上。
3 砂鍋蓋上蓋子，放入預熱焗爐（電烤箱），用 200°C〔煤氣爐（瓦斯烤箱）6 度〕焗 45 分鐘。
4 焗爐溫度降至 160°C（煤氣爐 3 度）。翻轉食材，重新蓋上鍋蓋，放回焗爐再焗 2 小時。加少許鹽和胡椒粉調味，撒上香芹碎，與熱好的橄欖意大利拖鞋麵包一同上桌。

多一味

白腰豆薯蓉
Cannellini & Potato Mash

以白腰豆薯蓉（薯泥）代替意大利拖鞋麵包作伴菜（配菜），做法如下：
用已下鹽調味的開水煮 500 克馬鈴薯至變軟。馬鈴薯隔水盛起，留一勺煮過的水，將馬鈴薯、2 罐已瀝走水分的白腰豆（每罐約 400 克）、1 湯匙切碎的嫩百里香，用薯壓器壓成蓉狀。拌入 5 湯匙初榨橄欖油，趁熱上桌。

五香牛排胡椒卷
Spiced Steak & Pepper Wraps

準備時間：20 分鐘（醃製時間不計在內）
烹製時間：35 分鐘

材料

牛爽腩（Beef skirt）或**後腿肉** 750 克
乾披薩草（直譯奧勒岡，又稱牛至）1 茶匙
孜然 2 茶匙
砂糖 2 茶匙
蒜頭 2 瓣，壓碎
青檸（萊姆）1 個，搾汁、磨皮
植物油 4 湯匙
紅洋蔥 2 個，切成薄片
紅辣椒 2 個，去芯、去核，切成薄片
橙或**黃燈籠椒**（甜椒）2 個，去芯、去核，切成薄片
墨西哥薄餅（小麥）6 個，溫好
迷你羅馬生菜（蘿蔓生菜）2 個，切絲
酸忌廉（酸奶油）（蘸醬）
甜辣椒醬（蘸醬）

作法

1 切牛肉成長條（約 1 厘米寬），切走多餘脂肪，放置於塑膠盒內。
2 用杵臼壓碎披薩草和孜然，並拌上白糖、蒜頭、青檸皮及青檸汁。加入牛肉拌勻。蓋上盒蓋，留一線縫隙，並放入冰箱醃 1 小時。
3 燒熱油鑊，洋蔥片和辣椒翻炒 20 分鐘，直至變色、熟軟。盛起，擦淨煎鍋。用剩餘的油分批煎牛肉，每批煎 5-8 分鐘，不時反轉，直到兩面金黃色，盛起備用。待所有牛肉煎好，放辣椒、洋蔥和肉回鍋略炒翻熱。把塑膠盒中剩餘的醃料倒入煎鍋，翻炒約 5 分鐘，直到食材呈啡色。
4 放在溫好的薄餅上，與生菜、酸忌廉及甜辣椒醬一同上桌。

多一味

牛油果風味醬
Avocado Relish

將 2 個成熟的牛油果（酪梨）去核、切碎。將 2 個小蕃茄去皮（見 P.8）、去籽，然後細細切碎。將 1 根葱切碎備用，並將 1 個青檸榨汁、磨皮。牛油果、葱蓉（葱泥）、青檸汁、青檸皮、2 茶匙砂糖、3 湯匙芫荽（香菜）碎、少許鹽和胡椒粉混合在一起。攪勻，轉移到小碟，即可上桌作伴碟。

韭葱燴豬肉餃子
Pork & Leek Stew With Dumplings

準備時間：25 分鐘
烹製時間：2 小時

材料

瘦豬肉 1 公斤，去骨、切塊
植物油 2 湯匙，**洋葱** 1 個，切碎
韭葱（京葱）500 克，剪根、枯葉，洗淨，切碎
月桂葉 3 片
薏米（珍珠麥）75 克
牛肉清湯或**清雞湯** 1.5 升（自製見 P.41 及 P.65）
自發麵粉 150 克
冷水約 125 毫升
牛或植物板油（Suet）75 克
西梅 150 克，去核、切半
鹽和**胡椒粉**適量

作法

1 豬肉加鹽和胡椒粉調味。在砂鍋中加入 1 湯匙油，豬肉分批放入，煎至兩面呈啡色，用濾網拿出，放上碟。剩餘的油加入砂鍋，輕炒洋葱和韭葱 5 分鐘。
2 放豬肉回砂鍋，加入月桂葉和清湯，煮至將沸未沸狀態。拌入薏米。蓋上鍋蓋，轉慢火，煮約 1 小時 30 分鐘，直到豬肉及薏米變軟、肉汁變稠。
3 將麵粉、板油和少許鹽及胡椒粉混合在一起。加水，並用刮刀混合，直到麵糰變軟；如果麵糰乾燥易散，加入多一點水，但不要把麵糰弄得太濕太黏。
4 西梅拌入濃湯，加入少許鹽和胡椒粉調味。用甜品匙，把每滿勺的餃子混合物放在濃湯的表面，間距稍微分開。蓋上鍋蓋，煮約 15-20 分鐘，直到餃子發脹、質感蓬鬆。放於淺碗，上桌。

多一味

愛爾蘭青葱薯蓉
Irish Champ

用愛爾蘭青葱薯蓉（薯泥）替代餃子作伴菜，做法如下：
在鍋中燒開水，加少許鹽，放入 1.25 公斤粉質馬鈴薯，煮到熟軟。倒走水，放馬鈴薯回鍋，用薯壓器搗爛成蓉。切碎一把葱，添加到鍋中，加入 50 克牛油（奶油）、200 毫升牛奶和大量的辣椒。攪勻，調好味，即可上桌。

八角燉牛尾
Oxtail Stew With Star Anise

準備時間：20 分鐘
烹製時間：3 小時 45 分鐘

材料
麵粉 2 湯匙
牛尾 2 公斤
植物油 3 湯匙
洋蔥 2 個，切碎
西芹 2 條，切碎
八角 5 粒
薑塊 50 克，去皮、切碎
牛肉清湯或**清雞湯** 800 毫升（自製見 P.41 及 P.65）
切碎蕃茄 1 罐（約 200 克）
橙 1 個，磨皮、搾汁
醬油 2 湯匙
芫荽（香菜）碎 4 湯匙，準備額外分量作裝飾
鹽和**胡椒粉**適量

作法
1. 加入少許鹽和胡椒粉到麵粉中調味，牛尾沾上調了味的麵粉。
2. 在砂鍋內加入植物油，牛尾分批放入，煎至呈咖啡色，用濾網盛出，放到碟上。洋蔥和西芹放入砂鍋，略炒 5 分鐘。加入八角、薑碎和剩餘的麵粉，邊煮邊攪拌，持續 1 分鐘。
3. 把清湯、蕃茄、橙皮、橙汁和醬油混合，倒入鍋中。牛尾放回鍋，煮至將沸未沸狀態，期間不時攪拌。蓋上鍋蓋，放入預熱焗爐，用 150°C（煤氣爐 2 度）烤約 3 小時 30 分鐘，直到骨肉分離狀態。

4. 拌入芫荽碎，加入少許鹽和胡椒粉調味。再撒上新鮮芫荽點綴，上桌。

多一味
啤酒燴牛尾
Beery Oxtail Stew
按上述方法煮濃湯汁，炒洋蔥、西芹時加入 2 根切碎紅蘿蔔，省略八角和薑塊。用 500 毫升烈麥酒，用 4 湯匙蕃茄濃醬、2 湯匙黑糖漿、2 湯匙辣醬油和 4 湯匙香芹碎代替蕃茄、橙、醬油和芫荽碎。

醃洋葱啤酒燴牛肉

Beef, Pickled Onion & Beer Stew

準備時間：10 分鐘

烹製時間：2 小時 15 分鐘

材料

麵粉 3 湯匙

牛排 1 公斤

橄欖油 2 湯匙

罐頭醃製洋葱 1 罐（約 500 克），倒去水分

紅蘿蔔（胡蘿蔔）2 根，切厚片

啤酒 300 毫升

牛肉清湯 600 毫升（自製見 P.41）

蕃茄醬（Tomato purée，蕃茄泥）4 湯匙

喼汁（直譯伍思特醬，辣醬汁）1 湯匙

月桂葉 2 片

鹽和**胡椒粉**適量

香芹碎適量，裝飾用

作法

1. 於麵粉中加入少許鹽和胡椒粉調味。切牛肉成大塊，並拍上麵粉。
2. 在砂鍋內將油加熱，分批次煎牛肉，直到兩面啡色，每批煎好後用濾網隔油取出，放於碟上。煎好後，將所有的牛肉放回砂鍋。
3. 醃洋葱和紅蘿蔔拌入砂鍋，再逐步將啤酒和清湯倒入。煮沸，攪拌，再放入蕃茄醬、喼汁、月桂葉、鹽及胡椒粉調味。
4. 蓋上鍋蓋，放入預熱焗爐，用 160°C（煤氣爐 3 度）烤 2 小時，烤至一半時拿出來攪拌，直到牛肉和蔬菜變軟。用切碎的香芹裝飾，即可上桌。

多一味

巴馬臣芝士玉米粥
Soft Parmesan Polenta

倒 1 公升水入鍋，放入 2 茶匙鹽，煮沸。逐小加入 175 克玉米粥，期間不斷攪拌，以免形成結塊。開始變稠時，用木勺攪拌玉米糊，煮 5 分鐘。砂鍋移離煮火，攪拌入 50 克牛油（奶油）及 4 湯匙新鮮磨碎的巴馬臣芝士（帕瑪森起士）。加入少許鹽和胡椒粉調味，即可上桌作伴菜。

小牛肉意大利米型麵
Veal With Orzo

準備時間：15 分鐘
烹製時間：25 分鐘

材料
小牛肉排 625 克
橄欖油 4 湯匙
洋蔥 1 個，切碎
蒜頭 4 瓣，壓碎
蕃茄 500 克，去皮（見 P.8）切碎
清雞湯 750 毫升（自製見 P.65）
純蕃茄汁（Passata）250 毫升
曬乾蕃茄醬（Sun-dried Tomato Paste，蕃茄糊）4 湯匙
披薩草（奧勒岡）碎 2 湯匙
意大利米型麵 250 克
菲達（Feta）芝士（起士）100 克，壓碎
鹽和胡椒粉適量

作法
1 小牛肉排到切成約 5 厘米寬。兩面都加少許鹽和胡椒粉調味。
2 在砂鍋內將油加熱，小牛肉排分成兩批，下鍋煎 5 分鐘至兩面呈淺啡色，用濾網隔油取出，放碟。加洋葱入砂鍋，略炒 5 分鐘，直到變軟。拌入蒜頭，炒 1 分鐘。
3 加入蕃茄、清湯、純蕃茄汁、蕃茄醬和披薩草碎到砂鍋。煮沸，拌入米型麵。調低爐火，煮 6-8 分鐘，不時攪拌，直到米型麵變軟。
4 放小牛肉回砂鍋，加少許鹽和胡椒粉調味。煮 2 分鐘。上桌前撒菲達芝士。

多一味
蒜香藏紅花蛋黃醬
Garlic & Saffron Alioli

替代菲達芝士作配菜，做法如下：
在一個碗裡，加入 1/2 茶匙捻碎的藏紅花（番紅花）絲及 1 湯匙開水，靜置 2 分鐘。在另一個碗內，拍碎 1 瓣蒜頭，混入 125 克蛋黃醬。拌入藏紅花（連同浸泡水），加入少許鹽和胡椒粉調味。放進一個小碗裡，倒在小牛肉上。

愛爾蘭羊肉湯
Irish Lamb & Potato Stew

準備時間：20 分鐘
烹製時間：2 小時 45 分鐘

材料

小羊排或羊柳 1 公斤
植物油 2 湯匙
紅蘿蔔（胡蘿蔔）400 克，切片
洋葱 3 個，切碎
韭葱 1 棵，去莖，洗淨，切成薄片
粉質馬鈴薯 750 克，切成大塊
月桂葉 3 片
薏米（珍珠麥）50 克
羊肉清湯或清雞湯 1 升（自製見 P.42 及 P.65）
香芹碎 4 湯匙
細香葱碎 4 湯匙
鹽和胡椒粉適量

作法

1. 將羊肉切成塊，加少許鹽和胡椒粉調味。
2. 在砂鍋或大鍋裡將油加熱，羊肉分批放入，煎至各面呈啡色，用濾網取出放碟上。
3. 在鍋中，分層疊羊肉、紅蘿蔔片、洋葱、韭葱和馬鈴薯。加入月桂葉，灑上薏米。
4. 倒入清湯，並煮至將沸未沸狀態。蓋上鍋蓋，將爐火減至最低，煮 2 小時 30 分鐘至羊肉入口即溶。
5. 拌入香芹碎和細香葱，再煮 10 分鐘。加少許鹽和胡椒粉調味，即可上桌。

多一味

春季蔬菜燉羊肉
Lamb Stew with Spring Vegetables

按上述方法煎香羊肉，然後在砂鍋或平底鍋中分層疊上洋葱、韭葱和馬鈴薯，再用清湯浸過食材，如上述方法煮 2 小時。拌入 400 克已洗淨的小紅蘿蔔、200 克去莢小蠶豆和 2 湯匙薄荷碎，然後重新蓋好，再煮 30 分鐘。最後，加入 150 克蘆筍嫩莖，再煮 5 分鐘。

地中海豬肉砂鍋
Mediterranean Pork Casserole

準備時間：10 分鐘
烹製時間：1 小時 10 分鐘

材料

橄欖油 1 湯匙
無骨瘦豬肉 250 克，切成大塊
紅洋葱 1 個，切成薄三角塊
蒜頭 1 瓣，壓碎
黃燈籠椒（甜椒）1 個，去芯、去核、切碎
油浸菜薊心（朝鮮薊）8 個，去油，切成 4 份
罐裝切碎蕃茄 1 罐（約 200 克）
紅酒 1 小杯
黑橄欖 50 克
檸檬 1 個，磨成檸檬皮
月桂葉 1 片
百里香小枝 1 枝，準備額外分量作裝飾
蒜蓉麵包，作伴菜（大蒜麵包佐餐用）

作法

1. 在砂鍋中下橄欖油，放入豬肉，煎 4-5 分鐘至兩面呈啡色，用濾網盛起放碟。
2. 加洋葱、蒜頭和黃椒入砂鍋，炒 2 分鐘。豬肉回鍋，加入所有剩餘的食材。
3. 煮沸，調低爐火，蓋上鍋蓋，以慢火煮 1 小時，直至豬肉腍軟。用百里香裝飾，與蒜蓉麵包一起上桌。

多一味

博羅特豆砂鍋
Borlotti Bean Casserole

省略豬肉，按上述方法炒香洋葱、蒜頭和黃椒，然後拌入菜薊心和蕃茄。沖洗並瀝乾 400 克罐裝博羅特豆，並與紅酒、橄欖、檸檬皮和香草一同加入砂鍋。煮沸，調低爐火，蓋上鍋蓋，慢煮約 1 小時。撒上切碎香芹，上桌。

希臘土匪羊
Kleftiko

準備時間：15 分鐘
烹製時間：2 小時 5 分鐘

材料
羊里脊肉排 8 塊
橄欖油 1 湯匙
洋蔥 2 個，切成薄片
披薩草碎（奧勒岡）2 湯匙
檸檬 1 個，磨皮搾汁
肉桂棒 1 條，切半
蕃茄 2 個，剝皮（見 P.8），切薄片
蠟質馬鈴薯（Waxy Potatoes）500 克，切成小塊
羊肉清湯或**清雞湯** 150 毫升（自製見 P.42 及 P.65）
鹽和**胡椒粉**適量

作法
1 羊排加少許鹽和胡椒粉調味。在一個的蓋子緊實的砂鍋內將油加熱，放入肉排，煎 5 分鐘，直到兩面呈啡色。
2 加入洋蔥、披薩草、檸檬皮、檸檬汁和肉桂棒。把蕃茄片和馬鈴薯塊放在羊肉的周圍，加入清湯，以少許鹽及胡椒粉調味。
3 蓋上鍋蓋，放入預熱焗爐，用 160°C（煤氣爐 3 度）烤 2 小時，或直到羊肉腍軟。配上溫好的希臘麵包，即可上桌。

多一味
辣椒羊肉煮馬鈴薯
Lamb Chilli With Potatoes

在平底鍋燒熱 2 湯匙橄欖油，煎 500 克免治羊肉（羊絞肉）、1 個切碎的洋蔥、1 茶匙孜然籽碎和 1/2 茶匙乾辣椒片，用木勺拌散免治羊肉，煮 8 分鐘至羊肉呈啡色。加入 400 克罐裝蕃茄、2 茶匙黃糖和 450 毫升羊肉清湯或清雞湯。煮至將沸未沸狀態，調低溫度，蓋上鍋蓋，煮約 15 分鐘。拌入 400 克瀝乾水分的罐裝紅腰豆（紅菜豆）、250 克洗淨並切塊的新薯（小馬鈴薯）和 3 湯匙芫荽碎入鍋。重新蓋上鍋蓋，再煮 25 分鐘，直到馬鈴薯變軟。試味，即可上桌。

焦糖洋蔥煮小牛肝
Calves' Liver & Caramelized Onions

準備時間：10 分鐘

烹製時間：40-45 分鐘

材料

牛油（奶油）50 克

橄欖油 2 湯匙

洋蔥 2 個，切薄片

小牛肝 625 克，切薄片（可請肉檔老闆切成薄片）

扁葉香芹（平葉巴西利）2 湯匙

鹽和**胡椒粉**適量

作法

1. 準備一個鍋蓋緊實的煎鍋，加入橄欖油和 25 克牛油，加熱煮至牛油溶化。洋蔥放入鍋中，加少許鹽和胡椒粉調味，蓋上鍋蓋，將爐火調至最低，煮 35-40 分鐘，間中攪拌，直到洋蔥變軟呈金色。
2. 用濾網盛起洋蔥，放入碗中。
3. 把爐火調至最高，燒熱煎鍋。小牛肝加入鹽和胡椒粉調味。在鍋裡溶化剩下的牛油，在牛油開始冒泡時加入小牛肝，煎 1-2 分鐘至金黃色。翻轉牛肝，同時放洋蔥回鍋。再煮 1 分鐘。撒上香芹，上桌。

多一味

焦糖洋蔥煮雞肝
Chicken Livers & Caramelized Onions

按上述方法烹煮洋蔥，從鍋中盛起。用 400 克雞肝代替小牛肝。取 2 湯匙麵粉放在碟中，加入少許鹽和胡椒粉調味，雞肝拍上麵粉。按上述方法，用剩下的牛油煎雞肝約 4-5 分鐘後翻轉一次。加入 1 湯匙陳年香醋（意大利香醋），攪拌幾秒，放入變成焦糖色的洋蔥回鍋。再煮 1 分鐘，撒上香芹，即可上桌。

蘑菇豬頰肉鍋
Pork Cheek Mushroom Casserole

準備時間：20 分鐘
烹製時間：2 小時 45 分鐘

材料
麵粉 3 湯匙
豬頰肉 1 公斤
牛油（奶油）50 克
植物油 1 湯匙
栗子菇（栗蘑）300 克，去柄、切片
洋葱 2 個，切碎
蘋果酒 350 毫升
豬肉清湯或**清雞湯** 300 毫升（清雞湯自製見 P.65）
龍蒿葉碎 2 湯匙
芥末籽 2 湯匙
濃忌廉（Double Cream，高乳脂含量鮮奶油）4 湯匙
鹽和**胡椒粉**適量

作法
1 麵粉加少許鹽和胡椒粉調味。豬臉頰肉切塊，拍上麵粉。
2 在砂鍋中加入油及 25 克牛油，加熱煮至溶化，豬肉分批放入，煎至兩面呈啡色，用濾網盛起放碟。煮溶剩下的 25 克牛油，炒蘑菇 5 分鐘至呈淡金色、收汁即可，盛起備用。
3 將豬肉與剩下的麵粉放回砂鍋，煮 1 分鐘，期間不時攪拌。加入洋葱，再拌入蘋果酒和清湯。煮沸，攪拌，蓋上鍋蓋，放入預熱焗爐，用 150°C（煤氣爐 2 度）烤 2 小時 30 分鐘至肉質脍軟，中途加入龍蒿碎和芥末籽。
4 蘑菇放回砂鍋，並拌入忌廉。慢火煮透，加少許鹽和胡椒粉調味，上桌。

多一味
麥酒牛肉鍋
Beef & Ale Casserole

切 1000 克燉煮用的牛排成大塊，切走多餘脂肪。按上述煮法，用牛肉代替豬肉；用 350 毫升麥酒代替蘋果酒。加入芥末籽，以 1 湯匙切碎的百里香代替龍蒿，然後如上述方法加入忌廉。

牛油豆羊肉塔吉鍋
Lamb Tagine With Butter Beans

準備時間：15 分鐘
烹製時間：1 小時 25 分鐘

作法
羊柳 700 克，**橄欖油** 4 湯匙
紅洋葱 2 個，切薄片，**蒜頭** 2 瓣，壓碎
薑黃 1 茶匙，**薑末** 1 茶匙，**肉桂粉** 1 茶匙
羊肉清湯或清雞湯 150 毫升（自製見 P.42 及 P.65）
蜂蜜 2 湯匙
醃檸檬 2 個（自製見右欄）
去核黑橄欖 100 克，**罐裝牛油豆**（皇帝豆）2 罐（每罐 400 克），洗淨，瀝乾
香芹碎 15 克，準備額外的分量作配菜
鹽和**胡椒粉**適量

作法
1 把羊肉切成到 5 厘米一塊，切走多餘脂肪。加少許鹽和胡椒粉調味。
2 在砂鍋中將油加熱，羊肉分批放入，煎至兩面呈啡色，用濾網盛起，放到碟上。在砂鍋中加入洋葱，炒 5 分鐘至變軟。加入蒜頭和香料，煮 1 分鐘，期間不斷攪拌。
3 將清湯和蜂蜜拌入砂鍋，煮至將沸未沸狀態。羊肉回鍋，蓋上鍋蓋，放入預熱烤箱，用 160°C（煤氣爐 3 度）烤 40 分鐘。同時，醃檸檬切開兩半，並丟棄果肉。細細切碎果皮。
4 添加醃檸檬皮、橄欖、牛油豆和香芹入砂鍋。放回焗爐再烤 20 分鐘。加少許鹽和胡椒粉調味，灑上香芹，上桌；可按照個人喜好配上溫好的烙餅。

多一味
摩洛哥醃檸檬
Homemade Preserved Lemons

洗淨晾乾 3 個未上蠟的檸檬，由尖端割成 8 份，另一端維持完整。準備 3 湯匙海鹽，撒 2 湯匙到檸檬的切割面上。把檸檬塞入已徹底清潔的密封玻璃瓶中。把幾片月桂葉放進瓶子裡，加入剩下的海鹽。將另外 2 個檸檬榨出的汁倒入瓶子。加滿冷水，直到檸檬完全被覆蓋。輕拍瓶子，以消除氣泡。存儲至少 2 週後再用。

烤馬鈴薯豬排
Pork Chops Baked With Potatoes

準備時間：10 分鐘
烹製時間：50 分鐘

材料

橄欖油 2 湯匙
豬排 4 件，每件約 250 克
煙肉（培根）125 克，去皮、切塊
洋葱 1 個，切片
馬鈴薯 750 克，切成 2.5 厘米的方粒
蒜頭 2 瓣，切碎
乾披薩草（奧勒岡）2 茶匙
檸檬 1 個，磨皮榨汁
清雞湯 250 毫升（自製見 P.65）
鹽和**胡椒粉**適量
百里香，裝飾用（按個人喜好加入）

作法

1. 在煎鍋或砂鍋內將油加熱，放入豬排，煎至兩面呈啡色。用濾網盛起放碟備用。
2. 加入煙肉和洋葱，用中火翻炒 3-4 分鐘至金黃。
3. 拌入馬鈴薯粒、蒜頭、披薩草和檸檬皮。倒入清湯和檸檬汁，加少許鹽和胡椒粉略為調味。打開鍋蓋，放入預熱焗爐，用 180°C（煤氣爐 4 度）烤 20 分鐘。
4. 將肉排逐塊放在馬鈴薯混合物上，放回焗爐，再烤 20 分鐘，直到馬鈴薯和豬排熟透。可按個人喜好撒上百里香葉，上桌。

多一味

番薯鼠尾草豬排
Pork Chops With Sweet Potatoes & Sage

按上述煮法，用 750 克去皮、切方粒的番薯替代馬鈴薯，並用 1 湯匙切碎的鼠尾草代替乾披薩草即可。

紅菜頭紫椰菜烤牛腩
Beef, Beetroot & Red Cabbage

準備時間：25 分鐘

烹製時間：2 小時 45 分鐘

材料

辣椒 2 茶匙
麵粉 2 湯匙
牛爽腩 1 公斤
橄欖油 2 湯匙
煙肉（培根）100 克，切碎
洋葱 2 個，切片
紅酒 300 毫升
牛肉清湯 300 毫升（自製見 P.41）
曬乾蕃茄醬 4 湯匙
香芹籽（葛縷籽）2 茶匙
紅菜頭（甜菜根）600 克，擦洗後切薄三角塊
紫椰菜（紫色高麗菜）400 克，切片
意大利香醋 3 湯匙
鹽適量
酸忌廉（酸奶油）和**穀物麵包**，作配菜

作法

1. 在碟上混合辣椒、麵粉與少許鹽。切牛腩成大塊（約 5 厘米寬），拍上調味後的麵粉。
2. 在砂鍋中燒熱 2 湯匙油，牛肉分批放入，煎至各面呈啡色，用濾網盛起放碟。
3. 加入煙肉和洋葱，慢火炒 6-8 分鐘，直到開始上色。加入剩下的麵粉煮 1 分鐘，不時攪拌。
4. 混入紅酒和清湯，再放入牛肉、蕃茄醬及香芹籽。煮至將沸未沸狀態，攪拌，然後蓋上鍋蓋，放入預熱焗爐，用 150°C（煤氣爐 2 度）烤 1 小時。
5. 拌入紅菜頭、紫椰菜和香醋，並放回到焗爐，再烤 1 小時 30 分鐘，直到肉和蔬菜非常軟熟。如有必要，加少許鹽。酸忌廉倒入碗內，配上溫好的麵包，即可上桌。

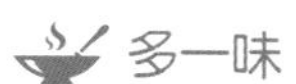

多一味

忌廉辣根薯蓉
Creamy Horseradish Mash

在一大鍋已下鹽的沸水裡，煮 1.25 公斤粉質馬鈴薯 20 分鐘，直到腍熟。倒掉沸水，馬鈴薯放回鍋中。加入 50 克牛油、100 毫升鮮忌廉及 4 湯匙熱辣根醬，用薯壓器搗碎，直到沒有小塊，即可作為伴菜上碟。

中式馬蹄豬肉炒麵
Asian Pork With Water Chestnuts

準備時間：20 分鐘（醃製時間不計在內）
烹製時間：10 分鐘

材料

豬柳 500 克
醬油 5 湯匙
五香粉 1 茶匙
蜂蜜 2 湯匙
粟粉（玉米粉）1 茶匙
冷開水 3 湯匙
熟油或**植物油** 2 湯匙
白菜 300 克，切絲
葱 1 堆，切段（每段約 1.5 厘米）
新鮮生薑 1 塊（約 25 克），去皮、切碎
紅辣椒 1 個，去核、切薄片
蒜頭 3 瓣，切薄片
罐裝馬蹄（荸薺）75 克，排水、切半
煮熟幼麵條（細麵）300 克

作法

1 豬柳橫切開成兩半，再切成薄片，切走多餘脂肪，放在一個碗裡，淋上 2 湯匙醬油、五香粉和蜂蜜。拌勻，蓋好，放在陰涼的地方醃 30 分鐘。

2 在一個杯子內，混合粟粉與適量水，攪至均勻後拌入剩下的醬油。

3 在炒鍋或煎鍋內，用猛火燒熱 1 湯匙油。加入白菜絲和葱，炒幾分鐘，直到蔬菜變軟，盛起放碟。將剩餘的油加入鍋內，放入豬肉，煎 3 分鐘至熟透，其間翻轉一次。加入生薑、辣椒和蒜頭，再炒 1 分鐘。

4 將蔬菜、馬蹄、麵條和醬油混合料放入鍋中。煮 2-3 分鐘，不斷攪拌，直到醬汁變稠及有光澤，即可上桌。

多一味

簡易豬肉湯麵
Easy Pork & Noodle Soup

如上述方法處理豬肉。在鑊或平底鍋裡，熱 1 湯匙熟油或植物油，翻炒豬肉 3 分鐘至金黃色。加入 750 毫升豬肉清湯或清雞湯、25 克去皮切絲的生薑根、和一大撮乾辣椒片。蓋上鍋蓋，慢火煮 15 分鐘，直至肉片熟透。加 300 克煮熟幼麵條、200 克冰凍豌豆、40 克細細切碎的芫荽，2 湯匙醬油及 1 茶匙米醋。慢火煮 2-3 分鐘。

醃核桃紅燒牛肉
Braised Beef With Pickled Walnuts

準備時間：20 分鐘
烹製時間：2 小時 30 分鐘

材料

麵粉 2 湯匙，**牛肩胛肉**一塊（約 1 公斤）
橄欖油 2 湯匙，**洋蔥** 2 個，切碎
西芹 3 棵，切片，**月桂葉** 3 片
迷迭香小枝適量，**蒜頭** 2 瓣，壓碎
牛肉清湯 450 毫升（自製見 P.41）
核桃 125 克，切碎，略烤
醃核桃 125 克，瀝乾水分、切碎
芥末籽醬 2 湯匙
切碎香芹 5 湯匙，準備額外分量作裝飾
鹽和**胡椒粉**適量，**蒸四季豆**，作伴菜

作法

1. 於麵粉中加入少許鹽和胡椒粉調味，牛肉拍上一層麵粉。
2. 在砂鍋裡，將油加熱，牛肉分批放入，煎至兩面呈啡色，並將牛肉在油中慢慢翻轉。煎好後將牛肉放入碟。洋葱和西芹放入沙鍋，慢火炒 6-8 分鐘直到變軟。
3. 將剩下的麵粉放入砂鍋，煮 1 分鐘，不時攪拌。蔬菜推到鍋的一側，將牛肉放回鍋的中央。加入月桂葉、迷迭香、蒜頭及清湯，煮至將沸未沸狀態，攪拌，然後蓋上鍋蓋，放入預熱焗爐，用 150°C（煤氣爐 2 度）烤 1 小時 30 分鐘。
4. 核桃、芥末醬和香芹混入砂鍋內，蓋好，放回焗爐再烤 45 分鐘。加少許鹽和胡椒粉調味，蒸四季豆撒上香芹，一起上桌。

多一味

醃核桃紅燒羊肝
Braised Lambs' Liver With Pickled Walnuts

500 克小羊肝切成大塊，2 茶匙麵粉以少許鹽及胡椒粉調味，拍上羊肝。在平底鍋裡加入 25 克牛油（奶油）及 2 湯匙橄欖油，煮至牛油溶化，羊肝煎片刻，直到呈淺啡色即可。用濾網盛起放碟。加入 2 個切片洋葱，炒至軟及變啡色。放羊肝回鍋，加入 150 毫升雞湯、2 茶匙芥末籽醬、切碎烤核桃和已瀝乾醃核桃各 50 克。慢火熱透，加少許鹽和胡椒粉調味，上桌。

斯里蘭卡式咖哩羊肉
Sri Lankan-style Lamb Curry

準備時間：10 分鐘

烹製時間：約 35 分鐘

材料

去骨羊肩或羊腿 500 克，切塊

馬鈴薯 2 個，切成大塊

橄欖油 4 湯匙

罐裝切碎蕃茄 400 克

水 150 毫升

鹽和胡椒粉適量

咖哩醬材料

洋蔥 1 個，磨碎

生薑 1 湯匙，去皮、細切碎

切碎的蒜頭 1 茶匙

薑黃 1/2 茶匙

芫荽碎 1 茶匙

孜然粉 1/2 茶匙

茴香籽 1/2 茶匙

荳蔻莢 3 條，切碎

青辣椒 2 個，切粒

肉桂棒 5 厘米

香茅 2 枝，薄切片

作法

1 在一個大碗裡，混合所有配料，製作咖哩醬（若煮微辣咖哩，可在辣椒切割前去籽）。加入羊肉及馬鈴薯，攪拌均勻。

2 在砂鍋中，將油加熱，加入羊肉及馬鈴薯混合物，邊煮邊攪拌，煮 6-8 分鐘。

3 拌入蕃茄和水，煮滾。加入少許鹽和胡椒粉調味，調低爐火，慢火煮 20-25 分鐘，直到馬鈴薯煮腍和羊肉變軟。可按個人喜好配上烤好的印度烤餅和一碗希臘酸乳酪。上桌。

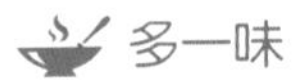

多一味

咖哩馬鈴薯牛肉
Beef & Potato Curry

用 500 克牛後腿肉代替羊肉，切成大塊。按上述煮法烹調，撒上一大撮切碎的芫荽，即可上桌。

牛肉羊腰鍋
Steak & Kidney Hotpot

準備時間：30 分鐘

烹製時間：2 小時 15 分鐘

材料

麵粉 210 克，準備額外分量撒料用

牛肩胛肉 750 克，切成大塊

羔羊腰（腎臟）150 克，切成小塊

植物油 3 湯匙，**洋蔥** 2 個，切碎

牛肉清湯 600 毫升（自製見 P.41）

發粉 1/2 茶匙，**牛板油**（Suet）100 克

冷水約 150 毫升

罐裝熏蠔（燻蚵）85 克，瀝去水分，切半

切碎香芹 3 湯匙，**喼汁**（辣醬油）3 湯匙

蛋液適量，**鹽**和**胡椒粉**適量

作法

1 在碟中放入 1.5 湯匙麵粉，加少許鹽及胡椒粉調味。牛肉和羊腰拍上麵粉。在砂鍋中燒熱 2 湯匙油，牛肉和羊腰分批放入，煎至各面呈啡色，用濾網盛起放碟。

2 把剩餘的油燒熱，炒洋葱 5 分鐘。倒入剩下來的麵粉，邊煮邊攪拌，持續 1 分鐘後，倒入清湯。

3 將所有肉放回入砂鍋，煮至將沸未沸狀態，不時攪拌。蓋上鍋蓋，放入預熱焗爐，用 160°C（煤氣爐 3 度）烤 1 小時 30 分鐘。

4 在一個碗裡，將剩餘麵粉、發粉、板油和少許鹽及胡椒粉混合在一起。加入足夠的水，用刮刀混合，弄成軟麵糰。在已撒麵粉的表面上，　薄麵糰，直徑與砂鍋相同。

5 在砂鍋裡，拌入熏蠔，香芹和喼汁，增加爐溫至 200°C（煤氣爐 6 度）。放酥皮麵糰在餡料上，刷上蛋液。烤約 25 分鐘，直至酥皮呈淡金色。

多一味

牛肉蘑菇餡餅
Steak & Mushroom Pie

按上述方法烹煮牛肉和羊腰，加入 150 克已去柄蘑菇（洋菇）代替熏蠔。煮熟後，放涼。在已撒上麵粉的表面上，把 350 克現成的酥皮　薄，直到比砂鍋直徑稍大。把酥皮放在餡料上，壓在鍋上。刷上蛋液，放入預熱焗爐，用 220°C（煤氣爐 7 度）烤 30 分鐘，直到酥皮發脹和金黃。

秘魯式炒豬肉
Pork Saltado

準備時間：20 分鐘
烹製時間：45 分鐘

材料
蒜頭 3 瓣，壓碎
醬油 4 湯匙
紅辣椒 1 條，去核和切碎
芫荽籽碎 1.5 茶匙
孜然籽碎 1.5 茶匙
白醋 1 湯匙
植物油 5 湯匙
豬柳 750 克，切成 1.5 厘米小塊
馬鈴薯 750 克，切成 1.5 厘米小塊
紅洋蔥 4 個，切成薄片
蕃茄 500 克，剝皮（見 P.8），切碎
水 4 湯匙
芫荽碎 3 湯匙
薄荷碎 2 湯匙
鹽和胡椒粉適量

作法
1 在一個小碗中，將蒜頭、辣椒、醬油，芫荽籽、孜然籽及醋混合在一起，備用。
2 加少許鹽和胡椒粉到豬肉調味。
3 準備一個平底鍋，燒熱 2 湯匙油，慢火翻炒馬鈴薯約 15 分鐘至呈金黃色及變軟，用濾網盛起放碟。
4 加入 2 湯匙油，豬肉塊分批放入，煎約 5 分鐘至呈啡色，不時翻轉，煎好後用濾網盛起放碟。將剩餘的油在鍋中加熱，慢火炒洋蔥約 10 分鐘，直到軟化及呈啡色。加入蕃茄、蒜頭混合物與水，拌勻。

5 將豬肉及馬鈴薯放回鍋，慢煮 10 分鐘，直到豬肉煮透熟脸，蕃茄變軟。拌入切碎的芫荽和薄荷，並適量調味，如有需要，可加入少許鹽和胡椒粉。

多一味
烤羽衣甘藍
Crispy-cooked Kale
洗淨 200 克羽衣甘藍，用廚房紙印乾。放置在碗裡，灑上 1 湯匙植物油、1 茶匙砂糖，加少許鹽和胡椒粉調味。用手將配料徹底混合在一起，放進一個已上油的烤盤，放入預熱焗爐，用 190°C（煤氣爐 5 度）烤 10 分鐘至酥脆，烤至一半時反轉羽衣甘藍。

燉牛肉
Beef Goulash

準備時間：10 分鐘

烹製時間：2 小時至 2 小時 30 分鐘

材料

牛肩胛肉 1.5 公斤

橄欖油 4 湯匙

洋蔥 2 個，切片

紅辣椒 2 條，去芯、去核及切塊

熏辣椒粉 1 湯匙

切碎馬鬱蘭（牛膝草）2 湯匙

香芹籽（葛縷籽）1 茶匙

牛肉清湯 1 升（自製見右欄）

蕃茄醬 5 湯匙

鹽和**胡椒粉**適量

法式麵包（法國麵包），作伴菜

作法

1. 切牛肉成大塊。在砂鍋裡將油加熱，牛肉分批放入，煎至各面呈啡色，用濾網盛起放碟。
2. 加入洋葱和紅辣椒，慢火煮 10 分鐘至變軟。拌入辣椒粉、馬鬱蘭和香芹籽，煮 1 分鐘，不時攪拌。
3. 牛肉回鍋，加清湯、蕃茄醬、鹽及胡椒粉調味，煮沸，邊煮邊攪拌。調低爐火，蓋上鍋蓋，慢火煮 1 小時 30 分鐘至 2 小時。如果想醬汁更稠，可在最後 30 分鐘打開鍋蓋。配上法式麵包，即可上桌。

多一味

自製牛肉清湯
Homemade Beef Stock

將 750 克已切成大塊的牛腿肉放進一個大鍋裡，加 2 個切碎的洋葱、2-3 條切碎的紅蘿蔔、2 條切粗粒的芹菜梗、1 片月桂葉、1 束香草，4-6 粒黑胡椒和 1.8 升冷水。慢慢煮滾，然後降低爐溫，蓋上緊實的蓋子，用慢火煮 2 個小時，撇去浮上表面的渣碎。倒進細篩過濾，丟棄湯渣，待冷。蓋上蓋子，可在冰箱中存儲多達幾天或冷凍長達 6 個月。此分量可煮出約 1.5 升牛肉清湯。

紅燒羊肉煮笛豆
Braised Lamb With Flageolet Beans

準備時間：25 分鐘（浸泡時間不計在內）
烹製時間：1 小時 30-45 分鐘

材料
乾笛豆（Flageolet Beans）250 克
橄欖油 4 湯匙
羊腿半條（約 800 克），去骨
車厘茄（聖女小蕃茄）500 克，切半
砂糖 1 茶匙
紅洋葱 2 個，切碎
蒜頭 8 瓣，去皮、完整
迷迭香碎 1 湯匙
羊肉清湯 450 毫升（自製見右欄）
曬乾蕃茄醬 3 湯匙
鹽漬酸豆 2 湯匙，沖洗、瀝乾
鹽和**胡椒粉**適量

作法

1 笛豆用冷水浸泡過夜。笛豆瀝去水分，轉移到砂鍋中，開水浸過笛豆，沸滾後煮 15 分鐘，瀝乾備用。切走羊肉多餘脂肪，將肉切成 8 大塊。加少許鹽和胡椒粉調味，備用。

2 抹乾砂鍋。燒熱 3 湯匙油，羊肉分兩批放入，煎至各面呈啡色，用濾網盛起放碟。加入車厘茄和砂糖，翻炒 3 分鐘，倒進碟中。抹乾鍋，加入剩餘的油和洋葱，炒 5 分鐘。倒入笛豆、蒜頭，清湯，迷迭香和蕃茄醬，煮沸，降低爐火，蓋上鍋蓋，煮 45 分鐘，直到笛豆變軟。待鍋中的水全吸收即可；如果未乾，揭開鍋蓋，加熱，讓水蒸發。

3 拌入酸豆，加入羊肉，用笛豆覆蓋。蓋上鍋蓋，慢火煮 8-10 分鐘，令羊肉中央仍見粉紅色（要煮透的話，需再煮 15 分鐘）。拌入車厘茄，加熱。調味，並下爐擱置 15 分鐘。

多一味
自製羊肉清湯
Homemade Lamb Stock

在一個大鍋裡，燒熱 1 湯匙橄欖油，放入 500 克羊肉骨頭，煎至各面呈啡色。瀝掉脂肪，並添加 1 個切碎的洋葱、2 條切碎的紅蘿蔔、2 條切碎的芹菜梗、2 片月桂葉、小量百里香小枝和 1 茶匙胡椒粉。水量蓋過食材，煮滾。調低爐火，煮 2 小時 30 分鐘至 3 小時。倒入篩子過濾，待冷。蓋好，儲存在冰箱中可保質數天，或者冷凍長達數月。

牙買加山羊咖哩
Jamaican Goat Curry

準備時間：25 分鐘（醃製時間不計在內）
烹製時間：約 2 小時 30 分鐘

材料

生薑 50 克，磨碎，**蒜頭** 3 瓣，壓碎
圓帽辣椒（Scotch Bonnet Chilli）1 個，去核、切碎
孜然粉 2 茶匙，**芫荽碎** 2 茶匙
五香粉 1/2 茶匙，**薑黃粉** 1/2 茶匙
去骨山羊肩 750 克，切成小方塊
植物油 2 湯匙，**洋蔥** 2 個，切碎
羊肉清湯或**清雞湯** 200 毫升（自製見 P.42 及 P.65）
罐裝椰奶 400 毫升
蕃茄 4 個，剝皮（見 P.8），並切粗粒
蠟質馬鈴薯 500 克，切成 1.5 厘米方塊
鹽和**胡椒粉**適量

作法

1. 將生薑、辣椒和磨碎香料混合。把山羊肉和混合香料放入塑膠盒拌勻。蓋上盒蓋，留下一線縫隙，並放在冰箱內醃幾小時或過夜。
2. 在砂鍋中，將油加熱，山羊肉分批放入，煎至各面呈深金色，用濾網盛起放碟。加入洋葱，慢火炒 5 分鐘。
3. 拌入蒜頭、清湯、椰奶和蕃茄，煮至將沸未沸狀態。將山羊放回砂鍋內，蓋上鍋蓋，放入預熱焗爐，用 150°C（煤氣爐 2 度）烤 1 小時 30 分鐘，直到山羊肉脍軟。加入馬鈴薯，並放回焗爐，再烤 30-40 分鐘，直到熟脍。調味，放進容器內，即可上桌。

多一味

加勒比飯
Caribbean Rice

準備一個鍋蓋緊實的大鍋，熱 2 湯匙植物油，炒 1 個切碎的洋葱 5 分鐘至變軟。加入 2 瓣壓碎蒜頭、1 茶匙切碎百里香和 1/4 茶匙五香粉。沖洗並瀝乾 300 克的白色絲苗大米（白長米）。加入鍋中，煮 1 分鐘，同時攪拌。倒入 400 毫升罐裝椰奶和 250 毫升蔬菜湯或清雞湯。煮沸，把爐火降至最低，加入一個圓帽辣椒。蓋上鍋蓋，慢火煮約 12 分鐘，期間攪拌一至兩次，直到米飯剛熟乾水。拌入 400 克已沖洗及瀝乾的罐裝腰豆、紅莓豆（博羅特豆）或木豆（樹豆），2 棵切碎的葱。取出辣椒，煮至熟透後調味，即可作伴菜上桌。

牛肉馬鈴薯蓉
Beef & Potato Hash

準備時間：15 分鐘
烹製時間：50 分鐘

材料

植物油 2 湯匙
免治牛肉（牛絞肉）750 克
茴香莖 1 個，剪葉及切碎
芹菜梗 2 條，切碎
生粉 2 茶匙
清牛肉湯 450 毫升（自製見 P.41）
蕃茄醬 3 湯匙
蠟質馬鈴薯 700 克，切成 1.5 厘米小塊
八角 4 個，分成小件，並使用臼和杵搗碎
醬油 3 湯匙
黃糖 1 湯匙
芫荽 15 克，切碎
鹽和**胡椒粉**適量

作法

1 將 1 湯匙植物油倒入煎鍋，燒熱，煎免治牛肉 10 分鐘，用木勺打散，攪拌，直到呈啡色且水分蒸發。
2 將牛肉推到鍋內一側，加入剩下的油、茴香、西芹，炒 5 分鐘，直到軟化。將一點清湯和粟米粉混合，拌勻。與剩下的清湯、蕃茄醬、馬鈴薯和八角倒入鍋。
3 煮至將沸未沸狀態，攪拌，然後轉慢火，蓋上蓋子或錫紙，煮約 30 分鐘，直到馬鈴薯變軟，偶爾攪拌。如果太乾，添加少許水。

4 拌入醬油和糖，再煮 5 分鐘，如果有必要，拿開鍋蓋令肉汁煮至濃稠。加少許鹽和胡椒粉調味，拌入芫荽，上桌。

多一味
西洋菜沙律
Watercress Salad

取 100 克西洋菜（水田芥），剪除硬枝。將 1/2 個青瓜去皮，横切成兩半，舀出種子，切成薄片。青瓜與西洋菜放入沙律（沙拉）碗中，撒上 1/2 條切碎的葱。將 3 湯匙花生油或菜油與 2 茶匙米醋、1/2 茶匙砂糖、少許鹽和胡椒粉混拌，淋在沙律上，作為伴菜上桌。

印度咖哩羊肉
Indian Lamb Curry

準備時間：15 分鐘
烹製時間：1 小時 45 分鐘

材料

去皮杏仁 50 克，切碎
牛油（奶油）或**酥油** 40 克，**丁香** 8 條
乾辣椒片 1/2 茶匙，**荳蔻莢** 10 個
碎孜然籽 1 湯匙，**芫荽籽碎** 1 湯匙
生薑 50 克，磨碎，**薑黃** 1/2 茶匙
洋蔥 2 個，切碎，**蒜頭** 3 瓣，切碎
去骨羊肩肉 1 公斤，切成小塊
蕃茄 6 個，剝皮（見 P.8），切碎
乳酪（優酪乳）100 毫升
芫荽碎，作裝飾
鹽和**胡椒粉**適量

作法

1. 將乾的砂鍋燒熱，加入杏仁，炒 1 分鐘，直到杏仁烤熟。
2. 加入牛油或酥油，加熱融化，添加丁香、辣椒片、小荳蔻、茴香、芫荽、生薑及薑黃，慢火炒 3 分鐘。加入洋蔥，炒 5 分鐘，不斷攪拌至上色，最後幾分鐘，加入蒜頭。
3. 將砂鍋中的食材轉移到攪拌機裡，加入 100 毫升冷水，攪拌均勻，呈糊狀。
4. 將糊放回砂鍋，拌入羊肉、蕃茄和 100 毫升冷水。煮至將沸未沸狀態，將溫度調校至最低，再拌入乳酪。打開鍋蓋，以慢火煮約 1.5 小時，偶爾攪拌，直至羊肉很腍身和肉汁變稠。調味，再撒上芫荽，上桌。

多一味

香料飯
Pilau Rice

沖洗並瀝乾 325 克巴斯馬蒂大米（Basmati Rice，印度香米）。取一個帶密封蓋的平底燉鍋，放入 25 克牛油，加熱融化，再放入 2 棵切碎的青蔥、1 茶匙帶殼荳蔻和 2 湯匙黑色或黃色的芥末籽，用慢火炒。當種子開始爆開時，拌入米飯，邊攪拌邊煮約 1 分鐘。加入 500 毫升清菜湯或清雞湯和 1/4 茶匙薑黃，煮沸，將溫度調校至最低，蓋上鍋蓋，再煮 12-15 分鐘，直到米飯煮熟，水燒乾。用叉子弄鬆米飯，調味，作伴菜上桌。

楓糖烤根菜豬肉
Pork With Maple-roasted Roots

準備時間：30 分鐘
烹製時間：5 小時

材料
百里香葉 5 克，切碎
蒜頭 5 瓣，壓碎
孜然籽 1/2 茶匙
芹籽鹽 1 茶匙
去骨豬肘 2.5 公斤，剝皮
洋蔥或紅蔥頭 300 克
新薯（小馬鈴薯）1.25 公斤，擦洗乾淨
歐洲蘿蔔（Parsnips）500 克，切成三角塊
紅蘿蔔（胡蘿蔔）400 克，切成三角塊
楓糖漿 100 毫升
不甜的白酒 150 毫升
牛肉清湯或清雞湯 300 毫升（自製見 P.41 及 P.65）
鹽和胡椒粉適量

作法
1 把百里香葉、蒜頭、芹籽鹽及胡椒粉混合在一起。用刀割開豬皮，見肉，把蒜頭混合物塞進狹縫中，在豬皮擦上鹽。把豬肉放入大烤盤，放進已預熱的焗爐，用 200°C（煤氣爐 7 度）烤 30 分鐘。降低焗爐溫度至 140°C（煤氣爐 1 度），再烤 2 個小時。把洋葱或紅葱頭放入碗內，澆入沸水，靜置片刻。倒走水，用冷水沖洗，去皮，入焗盤，在油脂裡翻滾，再放回焗爐烤 2 小時。
2 將豬肉轉至切肉碟，蓋上錫紙，置於溫暖處備用。將焗爐溫度調至 200°C（煤氣爐 7 度）。瀝掉焗盤內多餘的油脂，

在蔬菜表面刷上楓糖漿，放回到焗爐烤 25-30 分鐘，翻面，直到表面呈金黃色，盛碟。
3 撇去盤中的油脂，保留肉汁。加入酒和清湯，在爐灶上煮沸，再煮約 5 分鐘，直到略變稠。配上蔬菜和肉汁，上桌。

多一味
蘋果梨子牛油
Apple & Pear Butter
在鍋內倒入去皮、去芯及切碎的蘋果和梨子各 2 個，15 克砂糖、1 湯匙水和一撮丁香粉，煮 10-15 分鐘，不時攪拌直到軟熟。用攪拌器攪碎，再煮至變稠。倒入 50 克無鹽牛油（奶油）和少許檸檬汁，攪拌至融化。盛碟，待冷，密封冷藏。

冷當（椰漿咖哩）牛肉
Beef Rendang

準備時間：25 分鐘
烹製時間：3 小時

材料

香茅 2 棵，**青檸（萊姆）葉** 6 片
洋蔥 1 個，切碎
蒜頭 4 瓣，壓碎，**生薑塊** 40 克，去皮、切碎
碎芫荽 1.5 茶匙，**乾辣椒片** 1/2 茶匙
鹽 1/2 茶匙，**薑黃粉** 1/2 茶匙
水 4 湯匙，**植物油** 2 湯匙
牛腱肉 875 克，切成大塊
罐裝椰奶 400 毫升
棕櫚糖或**黑糖** 1 湯匙
香芹，作配菜

作法

1 去除香茅根部，切碎。與青檸葉、洋蔥、蒜頭、生薑、芫荽、辣椒片、鹽、薑黃粉和水一同放入食物處理器，打碎成光滑糊狀。
2 將油倒入砂鍋，燒熱，分批煎牛肉，直到表面焦黃，用漏勺舀起盛碟。倒入香料糊，用慢火煮約 4-5 分鐘，同時攪拌，直到大部分水分蒸發。（如果香料糊開始黏鍋底，可加少許水。）
3 將椰奶和糖倒入砂鍋，煮至將沸未沸。牛肉回鍋，蓋上鍋蓋，放入已預熱焗爐，用 150°C（煤氣爐 2 度）烤約 2.5 小時，至肉軟熟。
4 取下蓋子，將砂鍋放回爐灶，煮約 8-10 分鐘，同時攪拌，直到水分蒸發，牛肉表面蓋上厚厚的醬汁。撒上切碎的香芹，上桌。

多一味

五香香米飯
Spiced Jasmine Rice

沖洗並瀝乾 300 克泰國香米或印度香米。將 2 湯匙植物油倒入帶密封蓋的燉鍋，燒熱，加上 1 條已分兩半的肉桂棒、10 條碎荳蔻莢和 1 茶匙碎芫荽籽，炒 1 分鐘。加入大米，煮 2 分鐘，攪拌，再倒入 500 毫升水，煮滾。將溫度調至最低值，蓋上鍋蓋，煮 12-15 分鐘，直到大米煮至軟熟，水分被充分吸收。用叉子拌鬆米飯，拌入 4 湯匙切碎芫荽和少許鹽。

橄欖醬燉羊腱
Braised Lamb Shanks & Tapenade

準備時間：15 分鐘
烹製時間：2 小時 15 分鐘

材料

麵粉 1 湯匙
羊腱（帶骨羊小腿）4 件
橄欖油 2 湯匙
洋葱 1 個，切碎
不甜的白酒 150 毫升
清羊肉湯或**清雞湯** 300 毫升（自製見 P.42 及 P.65）
橙子 1 個，取皮，磨碎
市售或**自製黑橄欖醬** 150 克（自製見右欄）
洋薊芯（朝鮮薊芯）200 克，浸油，瀝乾、切片
羅勒葉，作裝飾
意大利拖鞋麵包，作伴碟
鹽和**胡椒粉**適量

作法

1. 將麵粉置於碟中，加入少許鹽和胡椒粉，拌勻。用麵粉塗抹羊腿。
2. 將油倒入砂鍋，燒熱，放入羊腱，煎 5 分鐘，至表面呈棕色，瀝乾盛碟。加入洋葱，炒 5 分鐘，直到軟化。
3. 將酒和清湯拌入砂鍋，煮至將沸未沸狀態。加入橙皮，將羊腱放回砂鍋，蓋上鍋蓋，放入已預熱的焗爐，用 160°C（煤氣爐 3 度）烤 1.5 小時。
4. 在羊腱周圍淋上橄欖醬，拌入肉汁。將砂鍋放回焗爐，再烤 30 分鐘，直到羊肉軟熟，即可以用叉子把肉從骨頭輕易拉下來的程度。

5. 將砂鍋移至爐灶，打開蓋子，以慢火煮至肉汁變稠。加少許鹽和胡椒粉調味，在周圍撒上洋薊芯，煮 5 分鐘至熟透。撒上羅勒葉，配上意大利拖鞋包，上桌。

多一味

自製橄欖醬
Homemade Tapenade

將 100 克已去核黑橄欖、2 湯匙已沖洗並瀝乾的鹽漬酸豆、2 瓣切碎的蒜頭、50 克已切碎、曬乾的蕃茄、6 罐裝鯷魚柳和 15 克香芹放入食品處理器，攪拌直到順滑。加入 100 毫升橄欖油，再攪拌至順滑。加少許胡椒粉，倒入碗中，密封。可冷藏一個星期。

鷹嘴豆燉西班牙辣腸
Chorizo & Chickpea Stew

準備時間：5 分鐘
烹製時間：25 分鐘

材料

新薯（小馬鈴薯）500 克，擦洗乾淨
橄欖油 1 茶匙
紅洋葱 2 個，切碎
紅辣椒 2 個，去芯、去核、切碎
西班牙辣香腸 100 克，切成薄片
車厘茄（小番茄）500 克，切碎；或罐裝蕃茄 400 克，切碎，瀝乾
罐裝鷹嘴豆 410 克，沖洗，瀝乾
香芹 2 湯匙，切碎，作配菜
蒜蓉麵包（大蒜麵包），作伴碟

作法

1. 燒開一鍋沸水，放入馬鈴薯，煮 12-15 分鐘至軟熟。瀝乾，然後切片。在另一平底燉鍋中，燒熱油，用中火炒洋葱和紅辣椒 3-4 分鐘。加入香腸，翻炒 2 分鐘。
2. 拌入馬鈴薯片、蕃茄和鷹嘴豆，煮滾，再轉慢火煮 10 分鐘。
3. 撒上香芹，配上加熱過的蒜蓉麵包以蘸吸肉汁，上桌。

多一味

雜錦豆燉香腸
Sausage & Mixed Bean Stew

按上述食譜煮馬鈴薯，然後用中火炒洋葱和紅辣椒。以 4 條豬肉香腸代替西班牙辣香腸，倒入鍋中，炒 4-5 分鐘，直到表面呈棕色。從鍋裡取出香腸，橫切成 6 厚片，再放回到鍋裡，如上加入馬鈴薯片和蕃茄，但用 400 克罐裝雜錦豆代替鷹嘴豆，洗淨，瀝乾。按上述方法煮沸，再轉慢火煮至熟透。如果你喜歡較辣的濃湯，可在炒洋葱和辣椒時加入 1 個去核和切碎的紅辣椒。

無花果燉羊肉
Pot-roasted Lamb With Figs

準備時間：30 分鐘（靜置時間不計在內）
烹製時間：2 小時 15 分鐘

材料

開心果 75 克，壓碎，烘烤
乾無花果 100 克，切碎
丁香 1/4 茶匙
薄荷碎 3 湯匙
玫瑰水 1 茶匙
去骨卷羊肘子（羊肩肉）1.5 公斤
蜂蜜 2 湯匙
不甜的白酒 200 毫升
小馬鈴薯 750 克，擦洗乾淨
橄欖油 3 湯匙
翠玉瓜（西葫蘆）500 克，切成厚片
鹽和**胡椒粉**適量

作法

1 將開心果、無花果、丁香、薄荷、玫瑰水和少許鹽及胡椒粉混合在一起，置於碗中。
2 攤開羊肉，解開幼繩，將上述餡料塞滿羊肘子的中心區、腔體和褶皺。將羊肘子重新捲起，用幼繩綁好。放在烤盤中，肥的一面朝上，在表面擦上少許鹽和胡椒粉。放入已預熱的焗爐，用 200°C（煤氣爐 7 度）烤 30 分鐘。
3 降低焗爐溫度至攝氏 180 度（煤氣爐 4 度）。在羊肉上刷上蜂蜜，再將酒倒入烤盤。在馬鈴薯表面刷油，再加少許鹽和胡椒粉調味，放回到焗爐，烤 1 小時 15 分鐘。
4 將翠玉瓜倒入烤盤中，在肉汁裡反轉，放回焗爐，再烤 30 分鐘。於溫暖處靜置 20 分鐘後，可切開羊肉。

多一味

杏乾肉桂核桃餡
Apricot, Cinnamon & Walnut Stuffing

用杏乾、肉桂和核桃餡代替開心果餡，製法如下：
在煎鍋裡倒入 1 湯匙植物油，燒熱。將 1 個洋葱切碎，放入鍋中，慢火炒至軟化，倒入碗中。加入 75 克切碎的核桃、100 克切碎的杏乾、2 個檸檬的皮碎和 1/2 茶匙肉桂粉，拌勻，按上述步驟完成食譜。

栗子意大利煙肉泡飯
Chestnut, Rice & Pancetta Soup

準備時間：10 分鐘
烹製時間：35 分鐘

材料

牛油（奶油）50 克
意大利煙肉（意式生培根）150 克，切塊
洋葱 1 個，切碎
去皮熟食栗子一包 200 克
意大利米 150 克
清雞湯 500 毫升（自製見 P.65）
牛奶 150 毫升
鹽和**胡椒粉**適量

作法

1. 在平底鍋內放入一半牛油，加熱融化，放入意大利煙肉和洋葱，用中火煮 10 分鐘。
2. 將每粒栗子切半，與大米和清湯一齊倒入鍋中，煮沸，然後轉慢火煮 20 分鐘，直到米飯變軟，水燒乾。
3. 將牛奶倒入小鍋中，加熱至微溫，與剩下的牛油拌入米飯。加少許鹽和胡椒粉調味。蓋上蓋子，靜置 5 分鐘，上桌。

多一味

茴香意大利煙肉蒜子鯷魚泡飯
Fennel, Rice & Pancetta Soup With Garlic & Anchovies

按上述食譜用 25 克牛油煮意大利煙肉，然後用 1 個已去莖及切成薄片的茴香莖代替洋葱入鍋。再加入米和清湯，省去栗子，如上述食譜煮至米飯變軟。同時，在另一個小鍋裡，放入 50 毫升牛奶、6 顆去皮蒜瓣及 150 克瀝乾的罐頭魚柳煮 15 分鐘，直至鯷魚與牛奶融合且蒜瓣軟化，注意不要讓牛奶煮沸。用叉子的圓頭搗碎蒜瓣，再加入 75 克牛油和 75 毫升特級初榨橄欖油，攪拌至牛油融化。用混合物代替牛奶拌入泡飯，然後加少許鹽和胡椒粉調味，蓋上蓋子，靜置 5 分鐘，上桌。

粟米塊香腸肉醬
Sausage Ragu With Polenta Crust

準備時間：15 分鐘
烹製時間：1 小時

材料
含蒜頭或香草的豬肉腸 750 克
橄欖油 4 湯匙
洋葱 2 個，切碎
蒜頭 2 瓣，壓碎
茴香籽 1.5 茶匙
蕃茄汁（糊）400 克
紅酒 150 毫升
曬乾蕃茄醬 4 湯匙
切碎披薩草（奧勒岡）2 湯匙
市售或自製粟米糕 500 克（自製見右欄）
巴馬臣芝士（Parmesan Cheese，帕馬森起士）75 克，磨碎
車打芝士（Chedddar Cheese，切達起士）50 克，磨碎
鹽和胡椒粉適量

作法
1 用刀切開香腸，剝皮去皮。
2 將油倒入砂鍋，燒熱，慢火炒洋葱 10 分鐘，直至洋葱軟化及呈淺金色，在最後幾分鐘加入蒜頭。加入香腸和茴香籽，邊煮邊用木勺攪碎，約 10 分鐘，至香腸呈金黃色即可。
3 拌入蕃茄汁、葡萄酒、蕃茄醬和披薩草。煮至將沸未沸，然後調校溫度至最低，蓋上鍋蓋，慢火煮 30 分鐘，直到湯汁變稠、呈泥狀。加入少許鹽和胡椒粉調味。
4 將粟米糕分成小塊，變成碎屑鋪在香腸上。再撒上巴馬臣芝士和車打芝士，在已預熱烤架上烤約 5 分鐘，直到芝士融化和粟米糕熱透。

自製粟米糕
Homemade Polenta

把 900 毫升水倒入鍋中，加 1 茶匙鹽，煮沸。慢慢倒入 150 克粟米粉（玉米粉），不停攪拌，以免形成結塊。開始變稠時，用木勺攪拌粟米糊，煮約 5 分鐘，直到非常濃稠，並開始成形。在烤盤上鋪上焗爐紙（烘培紙），倒入粟米糊。靜置待涼，然後如上用。

意式燴豬腿肉
Pork Shins 'Osso Bucco'

準備時間：15 分鐘
烹製時間：2 小時 -2 小時 30 分鐘

材料

麵粉 1 湯匙，**豬腿肉** 1 公斤，切厚片
橄欖油 3 湯匙，**洋葱** 2 個，切碎
紅蘿蔔（胡蘿蔔）2 根，切塊
芹菜梗 2 根，切成薄片
不甜的白酒 300 毫升
罐裝車厘茄（小番茄）400 克
曬乾蕃茄醬 4 湯匙
清雞湯 150 毫升（見自製 P.65）
蒜頭 1 瓣，切碎
檸檬 1 個，取皮，磨碎
切碎香芹 3 湯匙
鹽和**胡椒粉**適量

作法

1 將麵粉倒入碟中，加入少許鹽和胡椒粉。豬肉塗上麵粉。
2 在砂鍋中倒入 2 湯匙油，燒熱，分批放入豬肉，煎至兩面呈棕色，用漏勺舀起盛碟。將剩餘的油倒入砂鍋中，慢火炒洋葱、紅蘿蔔和西芹 10 分鐘，直到軟化。加入剩餘的麵粉，煮 1 分鐘，同時攪拌。
3 拌入酒，邊攪拌邊加熱，至煮沸。拌入蕃茄、蕃茄醬、清湯和少許鹽、胡椒粉。將豬肉放回砂鍋，蓋上鍋蓋，放入已預熱的焗爐，用 160°C（煤氣爐 3 度）烤 1.5 至 2 小時，直到肉變得軟熟。
4 把蒜頭、檸檬皮和香芹混合在一起，撒在菜上，上桌。

多一味

意大利燴飯
Risotto Milanese

將 25 克牛油放入平底燉鍋，加熱融化，放入 1 個切碎洋葱，慢火炒 5 分鐘，直至軟化。加入 275 克意大利米，煮 2 分鐘，同時攪拌。一點點加 1.2 升熱雞湯入鍋，每次一勺，邊煮邊攪拌，直到湯汁被充分吸收。整個過程大約用時 20-25 分鐘，屆時大米應該稍熟，呈糊狀但仍保留一點嚼頭。注意你並不一定需要加入所有雞湯。當飯煮至快熟時，加入 1 茶匙弄碎藏紅花絲，煮熟後再拌入餘下 25 克牛油和 50 克新鮮磨碎的巴馬臣芝士。

鹿肉豬肉丸子
Venison & Pork Meatballs

準備時間：30 分鐘
烹製時間：1 小時 30 分鐘

材料
免治鹿肉（鹿絞肉）400 克
免治豬肉（豬絞肉）200 克
切碎百里香 2 茶匙
橄欖油 3 湯匙
洋葱 1 個，切碎
紅蘿蔔（胡蘿蔔）3 條，切碎
中筋麵粉 1 湯匙
牛肉清湯 200 毫升（自製見 P.41）
紅酒 300 毫升
月桂葉 3 片
曬乾蕃茄醬 3 湯匙
新薯 500 克，擦洗乾淨
鹽和胡椒粉適量

作法
1 將免治鹿肉、免治豬肉、百里香和少許鹽及胡椒粉放入碗中拌匀。搓成 12 個小球，每球直徑約 3 厘米。
2 在煎鍋內燒熱 2 湯匙橄欖油，肉丸分兩批放入，煎8-10分鐘，直到表面呈啡色，用濾網拿出，放在碟上。
3 下 1 湯匙橄欖油，放入洋葱和紅蘿蔔，兜炒 6-8 分鐘，直到蔬菜變軟。於菜面撒上麵粉，煮 1 分鐘，期間不時攪拌。將煎鍋移離煮火，加入牛肉湯和紅酒。拌入茄醬和月桂葉。
4 放回煮火中煮沸，持續攪拌，調校至最低火，蓋上蓋子或鋁箔紙，慢煮10分鐘。加入新薯和肉丸，蓋上鍋蓋再煮 50 分鐘，直到馬鈴薯和肉丸熟透脍軟。試味後可上桌。

多一味
法式北非肉丸煮南瓜
Merguez-spiced Meatballs And Squash
按上述方法煎香肉丸，每粒肉丸加入 2 茶匙小茴香碎、芫荽、茴香籽和 2 茶匙紅椒粉，以代替百里香。按照上述煮法，略過茄醬、紅酒，牛肉清湯加至 500 毫升。以 500 克剝皮、去核及切塊的南瓜代替新薯，加入 150 克曬乾切片無花果和 4 湯匙切好的新鮮芫荽煮肉丸，即可。

糖漿芥末豆
Treacle & Mustard Beans

準備時間：10 分鐘
烹製時間：1 小時 35 分鐘

材料
紅蘿蔔（胡蘿蔔）1 條，切方塊
芹菜梗 1 根，切碎
洋葱 1 個，切碎
蒜頭 2 瓣，壓碎
罐頭大豆 2 罐，400 克，瀝乾
罐頭蕃茄糊 700 克
煙肉（培根）75 克，切塊
黑糖漿 2 湯匙
第戎芥末（法式芥末）2 茶匙
鹽和胡椒粉適量

作法
1 將所有食材放入砂鍋裡，慢慢煮沸，不時攪拌。
2 蓋上鍋蓋，放入已預熱的焗爐，用 160°C（煤氣爐 3 度）烤 1 小時。
3 取下蓋子，再烤 30 分鐘，上桌。

多一味
蒜蓉酸麵包
Garlic-rubbed Sourdough Bread

將煎鍋或平底鍋加熱後，放入 6 片酸麵包，每面烤 2 分鐘，直到稍微烤焦。取 1-2 瓣蒜頭，去皮，擦在麵包片上，再灑上特級初榨橄欖油，作伴碟上桌。

poultry & game
特色野味鍋

墨西哥醬雞
Chicken Mole

準備時間：25 分鐘
烹製時間：1 小時 30 分鐘

材料

植物油 3 湯匙，**洋蔥** 1 個
光雞 1 隻，約 1.5 公斤，切成大塊（詳見 P.8）
青椒 1 個，去芯，去核，切塊
五香粉 1/2 茶匙，**肉桂粉** 1/2 茶匙
孜然粉 1/2 茶匙，**辣椒粉** 1 茶匙
蒜頭 2 瓣，壓碎，**罐頭切碎蕃茄** 200 克
清雞湯 300 毫升（自製見 P.65）
墨西哥玉米餅（玉米圓餅）25 克
去皮杏仁 40 克，切碎
芝麻 2 湯匙，另加少許作調味
黑朱古力（巧克力）15 克（85% 可可固體），切碎
芫荽（香菜），切碎，**鹽**及**胡椒粉**適量

作法

1 把油在砂鍋裡加熱，放入雞塊，把雞炸 5 分鐘至兩面金黃色。放在碟上瀝乾。把洋葱及青椒放入砂鍋，輕輕炒 5 分鐘至軟化，加入調味料及蒜頭，再炒幾分鐘。
2 將蕃茄及一半雞湯加入砂鍋中，煮沸。雞塊放回砂鍋，蓋好，放入焗爐。用 180°C（煤氣爐 4 度）焗 45 分鐘。
3 同時，把墨西哥玉米餅撕成小塊，連同杏仁碎及芝麻放入攪拌機中，攪拌至粉末狀。把剩下的雞湯倒入，攪拌至均勻為止。杏仁糊及朱古力倒進砂鍋，放回焗爐，再焗 30 分鐘至雞塊全熟及變脸。
4 加入適量鹽及胡椒粉調味，撒上剩餘的芝麻及芫荽。如果喜歡的話，可與加熱的墨西哥玉米餅一同上菜。

 多一味

墨西哥玉米餅
Corn Tortillas

將 225 克墨西哥玉米粉及 1/2 茶匙鹽放在碗裡攪勻。加入 1 湯匙檸檬汁和 225 毫升溫水，搓成麵糰。如果麵糰感覺乾燥，可以加少許水。搓至光滑後，蓋上保鮮紙，並靜置 30 分鐘。將麵糰分成 8 份，捏成球狀，撒上麵粉後壓扁。將乾煎鍋或平板爐加熱，每邊煮約 1 分鐘直到開始變色。可直接上桌，或用鋁箔紙包好，在預熱的焗爐中用 180°C（煤氣爐 4 度）烤 15 分鐘，然後上桌。

鍋烤野雞配麵包片

Pot-roast Pheasant With Croutons

準備時間：10 分鐘（浸泡時間不計在內）

烹製時間：2 小時

材料

混合乾蘑菇（混合菇蕈）20 克，**沸水** 200 毫升

野雞 2 隻，**牛油**（奶油）40 克，**植物油** 2 湯匙

煙肉（培根）100 克，切碎，**洋葱** 2 個，切碎

歐洲蘿蔔 2 個，切粒

蒜頭 2 瓣，壓碎，加 1 瓣蒜頭，去皮

麵粉 1 湯匙，**紅酒** 300 毫升

小法包（迷你法國長棍麵包）1 條

百里香 1 湯匙，切碎，**鹽**和**胡椒粉**適量

紅加侖醬（紅醋栗醬）2 湯匙

作法

1. 將乾蘑菇放入耐熱碗，倒水蓋過，浸泡 10 分鐘。
2. 沖洗野雞，用廚房紙輕輕印乾水分，用鹽和胡椒粉調味。
3. 在砂鍋中，煮融牛油與植物油，放入野雞，每隻分開煎 5 分鐘，直到每面金黃，放在碟上瀝乾。煙肉、洋葱，歐洲蘿蔔和壓碎的蒜頭放入砂鍋，炒 5 分鐘。撒上麵粉，煮 1 分鐘，同時攪拌。關火，拌入酒，然後拌入蘑菇、浸泡水和百里香。煮至將沸未沸的狀態，持續攪拌。
4. 把野雞放回砂鍋中，與蔬菜混合。蓋上鍋蓋，放進預熱好的焗爐，用 150°C（煤氣爐 2 度）烤 1 小時 45 分鐘，直至野雞熟透。同時，將麵包切成薄片，烤香兩面。將蒜瓣平均切開兩塊，並以切面在烤好的麵包上塗抹。
5. 將野雞轉移到切肉盤上，蓋上錫箔紙保暖。將紅加侖醬添加到砂鍋，攪拌至溶化，用鹽和胡椒粉調味。將麵包片放在溫好的碟上，野雞起肉，將肉堆在麵包片上。用勺子將蔬菜和肉汁淋在野雞肉上。

多一味

雞肉血腸燒鍋

Chicken & Black Pudding Pot Roast

按上述食譜，以 1.75 公斤光雞代替野雞，省略歐洲蘿蔔。將 200 克血腸去皮及切碎，在加入蘑菇和百里香時放入砂鍋。將紅加侖醬換成 2 湯匙野生黑莓果醬即可。

檸檬辣椒雞
Lemon Chilli Chicken

準備時間：25 分鐘（浸漬時間不計在內）
烹製時間：45 分鐘

材料

光雞 1 隻，約 1.75 公斤，切大塊（見 P.8）
蒜頭 8 瓣，去皮
檸檬 4 個，切開 4 份並榨汁，保留檸檬皮
紅辣椒 1 個，去核及切碎
橙花蜜 2 湯匙
香芹 4 湯匙，切碎，留一小枝完整的香芹作裝飾
鹽和**胡椒粉**適量

作法

1. 將雞塊放在淺盤中。壓碎 2 瓣蒜頭，和辣椒碎及橙花蜜加到檸檬汁中，攪拌均勻，然後倒在雞上。用檸檬皮圍著雞肉，蓋好，放在冰箱至少 2 小時，或醃過夜，間中翻一至兩次。
2. 雞塊帶皮的一面朝上，剩餘的蒜瓣分散擺放，再將檸檬皮切面朝下地鋪在上面。
3. 雞肉放入預熱焗爐，用 200°C（煤氣爐 6 度）烤 45 分鐘至金黃色全熟。拌入切碎的香芹，用鹽及胡椒粉調味，加香芹小枝點綴，即可上菜。

多一味

香菜豌豆飯
Coriander Rice & Peas

於水中下少許鹽，放在深鍋裡燒開，並加入 250 克絲苗米，慢火煮約 15 分鐘，直到軟熟。同時，在另外一隻平底深鍋內用下了鹽的水中煮 250 克急凍豌豆約 3 分鐘，瀝乾水分後，拌入 50 克煮溶的牛油（奶油）、2 個切碎的洋蔥，及一把切碎的新鮮芫荽。把豌豆混合料攪拌到飯中，即可作伴菜上桌。

兔肉蘑菇燴意大利飯
Rabbit & Mushroom Risotto

準備時間：25 分鐘
烹製時間：40 分鐘

材料

牛油（奶油）65 克
栗子菇 150 克，剪柄和切片
瘦兔肉 250 克，去骨、切塊
洋葱 1 個，切碎
西芹 1 條，切塊
蒜頭 1 瓣，壓碎
百里香 1 茶匙，切碎
意大利米 300 克
紅酒 300 毫升
清雞湯 800 毫升（自製見 P.65）
香芹 4 湯匙，切碎
鹽和胡椒粉適量

作法

1 在深鍋裡加熱溶化 15 克牛油，加蘑菇炒約 5 分鐘，直到呈淺啡色。用濾網取出，放在碟上，備用。

2 兔肉塗上鹽和胡椒粉調味。在鍋中煮溶另外 25 克牛油，煎兔肉至開始變色（約5分鐘）。加入洋葱和西芹翻炒約4分鐘，直到蔬菜變軟。

3 拌入蒜頭、百里香及大米，煮 1 分鐘，期間不停攪拌。加入紅酒迅速烹煮，直到酒已被吸收。慢慢將熱清雞湯加入鍋裡，一次一滿杓，並不時攪拌，直到雞湯被吸收後才加下一杓。過程約 20-25 分鐘。煮好的意大利飯保留了一點嚼頭，飯熟得均勻、光滑細軟即可，不用加入所有的湯。

4 把蘑菇放回鍋中，拌入剩下的牛油和香芹。用鹽和胡椒粉調味後即可上菜。

多一味

斯蒂爾頓芝士雞肉百里香意大利飯
Chicken, Stilton & Thyme Risotto

按上述食譜，省略牛油炒蘑菇的步驟，用 250 克去皮去骨、切塊的雞肉代替兔肉，再以 150 毫升白酒代替紅酒。意大利飯煮熟後，以 100 克捻碎的斯蒂爾頓芝士（起士）代替牛油，加入鍋中，攪拌至溶化。

核桃龍蒿童子雞
Poussin With Walnut & Tarragon

準備時間：20 分鐘
烹製時間：1 小時 30 分鐘

材料

童子雞 4 隻
牛油（奶油）50 克
橄欖油 1 湯匙
核桃 75 克，剁碎
翠玉瓜 625 克，切厚片
洋葱 1 個，切碎
蒜頭 3 瓣，切碎
清雞湯 150 毫升（自製見 P.65）
龍蒿葉 5 克
酸忌廉（酸奶油）100 毫升
鹽和胡椒粉適量

作法

1 沖洗童子雞，用廚房紙印乾水分，用鹽和胡椒粉塗抹全雞。在砂鍋裡煮溶一半牛油及橄欖油，炒核桃至開始變色。用濾網盛出，放在碟上。翠玉瓜放入砂鍋，炒至呈淡啡色（約 5 分鐘），放碟備用。

2 在砂鍋溶化剩下的牛油，洋葱炒 2 分鐘後，加入童子雞，煎 5 分鐘，直到每面金黃。加入蒜頭和清雞湯，煮滾。蓋上蓋子或鋪上鋁箔紙，在預熱焗爐裡以 180°C（煤氣爐 4 度）烤 45 分鐘，取出，加入龍蒿葉、核桃及翠玉瓜到砂鍋，再放回焗爐烤 30 分鐘。

3 取出童子雞，放到溫好的碟子上。用濾網盛起核桃及翠玉瓜，隔走醬汁，盛到碟上。將酸忌廉拌入醬汁裡，煮滾。試味後，用勺子淋上醬汁，即可上菜。如果喜歡的話，可以與穀物麵包或忌廉薯蓉（薯泥）共食。

多一味

蕃茄松子童子雞
Chicken, Stilton & Thyme Risotto

按上述方法，以 50 克松子代替核桃，用牛油炒後備用。略去翠玉瓜，炒香洋葱，按上述做法煎童子雞和蒜頭。加清雞湯，另加 400 克切碎的罐頭蕃茄、1 茶匙砂糖及 3 湯匙曬乾蕃茄醬。同上述溫度，放焗爐烤 45 分鐘，再加入 3 湯匙切碎的披薩草（奧勒岡）和松子，放回到焗爐再烤 30 分鐘。

火雞火腿砂鍋
Turkey & Ham Casserole

準備時間：20 分鐘

烹製時間：1 小時 45 分鐘

材料

熟火腿 350 克，**麵粉** 2 湯匙
火雞胸肉 625 克，**牛油**（奶油）50 克
洋葱 2 個，切碎，**西芹** 2 條，切片
清雞湯 750 毫升（自製見 P.65）
百里香 1 湯匙，切碎，**辣椒粉** 1/2 茶匙
番薯 300 克，擦洗乾淨，切成小塊
小紅莓（蔓越莓）150 克
法式酸忌廉（Crème fraîche，法式酸奶油）100 毫升
鹽和**胡椒粉**適量

作法

1. 火腿切粒。先在碟上將少許鹽和胡椒粉加入麵粉中，再切火雞成小塊，並拍上麵粉。
2. 在砂鍋裡溶化牛油，煎火雞 5 分鐘至兩面金黃。加入洋葱及西芹，炒 4-5 分鐘，直到軟化。將碟上剩餘的麵粉倒入砂鍋。攪入雞湯，添加百里香和辣椒粉，煮至將沸未沸狀態，不時攪拌。
3. 蓋好砂鍋，放入預熱焗爐以 180°C（煤氣爐 4 度）烤 45 分鐘。
4. 取出，加入番薯和火腿，並放回焗爐再烤 30 分鐘。拌入小紅莓和法式酸忌廉，用鹽和胡椒粉調味。放回焗爐再烤 15 分鐘，即可上菜。

多一味

火雞火腿蘑菇餡餅
Turkey, Ham & Mushroom Pie

將 250 克蘑菇剪柄和切片，按上述方法處理火雞和蔬菜後，用濾網隔油，放碟上。砂鍋中用另外 15 克牛油炒蘑菇，再放火雞和蔬菜回砂鍋。如上述方法烹調，略去番薯，只加火腿。待冷卻後，在表面輕撒麵粉，　薄 350 克現成酥皮，直徑與砂鍋相同，並把酥皮放在餡上。（如砂鍋非常大，可將餡料轉移到餡餅盤子。）酥皮刷上蛋汁，在預熱焗爐 200°C（煤氣爐 6 度）烤 40 分鐘或直至酥皮呈深金黃色。

紅加侖慢烤鴨
Slow-roast Duck With Redcurrants

準備時間：25 分鐘

烹製時間：2 小時 15 分鐘

材料

鴨腿 4 隻

肉桂粉 3/4 茶匙

馬鈴薯 1 公斤，切成 1.5 厘米的方塊

大頭菜（蕪菁）300 克，切成薄三角塊

蒜頭 8 瓣，去皮，保持全顆

百里香 1 湯匙，切碎

紅加侖（紅酸栗）100 克

雞湯 150 毫升（自製見 P.65）

紅加侖（紅醋栗）**醬** 3 湯匙

法式酸忌廉（酸奶油）4 湯匙

鹽和**胡椒粉**適量

作法

1. 把每隻鴨腿從關節切開。用少許鹽和胡椒粉拌上肉桂粉，擦在鴨腿上，放於烤盤中，在預熱焗爐中用 150°C（煤氣爐 2 度）烤 1 小時 15 分鐘。
2. 倒掉烤盤中的大部分油脂，只留下足夠塗抹蔬菜的分量。提升爐溫至 200°C（煤氣爐 6 度）。
3. 加馬鈴薯、大頭菜、蒜頭和百里香入烤盤，把它們在油脂中反轉，用少許鹽及胡椒粉調味。把烤盤放回焗爐烤 45 分鐘，期間不停反轉蔬菜，直到顏色轉至金黃。與此同時，利用叉子的叉齒為紅加侖去柄。
4. 轉移鴨腿和蔬菜到溫好的碟上。瀝走烤盤中多餘的脂肪，留下肉汁。肉汁加入雞湯，紅加侖醬和鮮忌廉，煮至湯汁收少、變濃。拌入紅加侖，用鹽和胡椒粉調味，煮 1 分鐘。把肉汁淋在鴨腿上，即可上菜。

多一味

牛油蒸豆角翠玉瓜
Buttered Beans & Courgettes

將 200 克已去頭尾的四季豆蒸 5 分鐘，直到變軟。加入 300 克厚切翠玉瓜片，蒸 2 分鐘。放到溫好的碟上，拌入 40 克牛油（奶油）、3 湯匙切碎的細香葱、2 湯匙切碎的香芹及少許鹽和胡椒粉，攪拌直到牛油溶化，趁熱食用。

咖哩雞濃湯
Chicken Mulligatawny

準備時間：20 分鐘
烹製時間：1 小時 30 分鐘

材料

牛油（奶油）50 克
雞腿 600 克，去皮
洋葱 2 個，切碎
紅蘿蔔（胡蘿蔔）2 條，切碎
煮製用蘋果 1 個，去皮、去芯和切碎
麵粉 1 湯匙
雞湯 1 升（自製見 P.65）
咖哩醬 2 湯匙，微辣
蕃茄醬 2 湯匙
印度香米 50 克
乳酪適量
鹽和**胡椒粉**適量

作法

1. 在平底鍋煮溶 25 克牛油，雞腿分兩批放入，每面煎 5 分鐘至呈金黃色。用濾網隔油，放在碟上。加入剩餘的牛油，炒香洋葱，紅蘿蔔和蘋果，翻炒 6-8 分鐘，直到變淺啡色。
2. 灑上麵粉，煮 1 分鐘，持續攪拌。慢慢加入雞湯，然後拌入咖哩醬、蕃茄醬和印度香米。將雞腿放回平底鍋，煮至將沸未沸狀態，同時攪拌。轉慢火，蓋上鍋蓋煮 1 小時，直到雞肉熟透、變軟。
3. 取出雞腿，待冷卻後用手撕下雞肉。取一半的雞肉撕成幼絲，其餘的雞肉放回鍋中。以攪拌器或食物處理器混和湯汁。
4. 將雞絲放回鍋加熱。放鹽和胡椒粉調味後，上碟，淋上幾勺乳酪，即可上菜。

多一味

自製雞湯
Homemade Chicken Stock

放 1 個雞骨架或 500 克雞骨頭入一個大鍋裡，加 2 個切半、未去皮的洋葱，2 根切碎的紅蘿蔔，1 條切碎的芹菜莖，適量月桂葉和 1 茶匙胡椒粉。加冷水至剛好蓋過食材，用慢火煮至將沸未沸狀態。轉慢火，開蓋煮 2 小時。將湯汁倒入篩中隔走湯渣，放涼。蓋好，並放在冰箱中儲存，可達幾天，或冷凍長達 6 個月。

黑啤栗子炆鹿肉
Venison, Stout & Chestnut Stew

準備時間：25 分鐘

烹製時間：2 小時 15 分鐘

材料

麵粉 3 湯匙
鹿肉 1.25 公斤，切塊
牛油（奶油）50 克
煙肉（義式培根）200 克，切碎
青蒜 1 根，去根，清洗，切碎
紅蘿蔔（胡蘿蔔）3 條，切塊
歐洲蘿蔔 2 個，切塊
蒜頭 4 瓣，壓碎
迷迭香 2 茶匙，切碎
黑啤酒 500 毫升
牛肉清湯 300 毫升（自製見 P.41）
栗子（板栗）200 克，煮熟去殼
新薯（小馬鈴薯）500 克，擦洗乾淨，切小塊
鹽和**胡椒粉**適量

作法

1 在麵粉中加入少許鹽及胡椒粉，並用麵粉將鹿肉裹上。
2 在砂鍋中煮溶牛油，分批煎鹿肉直到變成啡色，用濾網盛出放碟上。加入煙肉、青蒜、紅蘿蔔和歐洲蘿蔔，輕炒 6-8 分鐘至呈淺啡色。加入蒜頭，迷迭香和剩下的麵粉，煮 1 分鐘，保持攪拌。
3 將黑啤酒和牛肉清湯混和，煮至將沸未沸狀態，不時攪拌。放鹿肉回砂鍋，然後轉慢火，蓋上鍋蓋，煮 1 小時 30 分鐘，直至肉質變軟。
4 加入栗子和新薯，煮至新薯熟透（約 20 分鐘）。用鹽和胡椒粉調味，即成。

多一味

山雞紅酒紅葱頭濃湯
Pheasant, Red Wine & Shallot Stew

將 300 克紅葱頭放進耐熱碗，用沸水蓋過食材，靜置 2 分鐘。倒掉熱水，紅葱頭用冷水沖洗，去皮。以上述食譜，用 1.25 公斤野雞代替鹿肉，切成方塊，在炒蔬菜時添加紅葱頭。再用 500 毫升的紅酒、2 湯匙蕃茄醬及 1 湯匙黑糖代替黑啤酒，並省略栗子。

雞肉配春季蔬菜
Chicken With Spring Vegetables

準備時間：10 分鐘（放置時間不計在內）
烹製時間：1 小時 15 分鐘

材料
光雞 1 隻（約 1.5 公斤）
熱清雞湯 1.5 升（自製見 P.65）
紅葱頭 2 顆，切開兩半
蒜頭 2 瓣，去皮，留全顆
香芹 2 小枝
馬鬱蘭（牛膝草）2 小枝
檸檬百里香 2 小枝
紅蘿蔔（胡蘿蔔）2 條，切開兩半
青蒜 1 條，修剪、清洗和切片
西蘭花（軟枝花椰菜）200 克
蘆筍 250 克，修剪
皺葉椰菜（皺葉甘藍）1/2 棵，切絲
硬皮麵包，伴碟用

作法
1. 將雞放在平底鍋裡，倒入足以蓋過食材的清雞湯。放入紅葱頭、蒜頭、香芹、紅蘿蔔和大葱入鍋煮滾，轉慢火燉 1 小時，直至骨肉分離。
2. 將餘下的蔬菜倒進鍋中，慢火再煮 6-8 分鐘直至蔬菜熟透。
3. 關火後靜置 5-10 分鐘，並把雞肉和蔬菜放進碗中，加幾勺清雞湯，即可上菜。（可按個人喜好選擇去掉雞皮）
4. 伴碟方面，可使用大量硬皮麵包。

中式雞湯
Chinese Chicken Soup

按上述食譜，準備約 7cm 薑塊，去皮並切薄片、2 瓣切片蒜頭，1 茶匙五香粉，4-5 顆八角及 100 毫升老抽（陳年醬油），以代替紅葱頭、香芹、紅蘿蔔和青蒜。再加入 250 克粟米芯（玉米筍）和 250 克豌豆，代替西蘭花、露筍和椰菜，慢火煮至剛熟，即可上菜。

水果布格麥鴨
Duck With Fruited Bulgar Whear

準備時間：25 分鐘（醃製時間不計在內）
烹製時間：25 分鐘

材料

鴨胸 4 件（約 150-175 克）
哈里薩辣醬（Harissa paste，突尼斯辣椒醬）2 茶匙
芫荽籽 2 茶匙，壓碎，**蒜頭** 2 瓣，壓碎
橄欖油 3 湯匙
乾小麥 200 克，碾磨去殼
清雞湯 600 毫升（自製見 P.65）
榛子 75 克，粗切
杏桃乾 75 克，切成薄片
荷蘭豆（嫩豌豆）150 克，切成幼條
石榴糖蜜 2 湯匙
黑砂糖 2 茶匙
石榴籽 1 個
鹽、**胡椒粉**適量

作法

1 於每塊鴨胸皮上割數刀，放在碟上。把哈里薩辣醬、芫荽籽，蒜頭混合，並塗於鴨胸上，留在冰箱內醃半至數小時。
2 將醃料從鴨胸上刮下，放在一旁。在炒鍋放 1 湯匙油，燒熱，放入鴨胸，有皮的一面朝下，煎 3-4 分鐘直至鴨皮呈深金色。反轉煎 2 分鐘，放在碟上。
3 加乾小麥、清雞湯和醃料放入炒鍋。即將煮沸時轉慢火，蓋上鍋蓋或鋁箔紙，煮 5 分鐘，直到乾小麥軟化。拌入榛子及杏桃乾，把鴨胸放回鍋，與乾小麥混和。再煮 8-12 分鐘（隨個人對鴨胸熟度喜好，可煮 15 至 20 分鐘）。鴨胸煮好後，將荷蘭豆分開放入油鍋。
4 將石榴糖蜜和黑糖拌入乾小麥，把剩下的油入鍋，加入鹽和胡椒粉。撒上石榴籽可上菜。

多一味

雞肉布格飯
Chicken & Bulgar Pilaf

以 4 塊雞胸代替鴨胸，打橫切半成 8 片雞胸。按上述煮法醃製。剁碎 75 克開心果和 75 克乾無花果，丟棄硬殼，以代替榛子和杏桃乾。按上述煮法，將雞煮熟即可。

哈羅米芝士茄子雞
Halloumi & Aubergine Chicken

準備時間：25 分鐘
烹製時間：50 分鐘

材料

雞胸 4 件（約 125-150 克），去骨、去皮
哈羅米芝士（起士）100 克
薄荷，小枝，切碎
橄欖油 6 湯匙
洋葱 1 個，切碎
茴香莖 1 個，剪柄，切碎
茄子 750 克，切小塊
蒜頭 3 瓣，壓碎
清雞湯或**蔬菜湯** 450 毫升（自製見 P.65 及 P.118）
曬乾蕃茄醬 5 湯匙
乾披薩草（奧勒岡）1 茶匙
鹽、**胡椒粉**適量

作法

1 在每塊雞胸中心打橫割一刀，弄一個放餡的洞。
2 將芝士切成方塊，放入碗中，拌以薄荷和小量胡椒粉作調味。將拌好的材料塞滿雞胸，並用木棒封口。
3 在煎鍋中燒熱 2 湯匙油，煎雞胸 5 分鐘至兩面金黃色，上碟。另外燒熱 2 湯匙油入鍋，將洋葱、茴香莖及半份茄子輕炒 5 分鐘，並繼續攪拌至啡色後取出。利用餘下的油將剩餘的茄子炒 5 分鐘，轉至啡色時加入蒜頭。

4 將所有的蔬菜放回鍋中，並將清雞湯、茄醬及乾披薩草放入煎鍋。即將煮沸時，把雞胸放入鍋中，轉慢火。煮約 30 分鐘，持續攪拌，直到雞肉熟透及茄子變軟。加適量鹽和胡椒粉調味，即可上菜。

多一味

羅勒乳酪醬
Basil & Yogurt Sauce

將 15 克紫蘇葉撕成小塊，並把 100 毫升希臘乳酪、75 毫升酸忌廉（酸奶油）、1 碎瓣蒜頭、一些檸檬汁及羅勒混合，放在碟上，蓋上保鮮紙，放入冰箱，直至上菜。

珠雞香腸炆馬鈴薯
Guinea Fowl & Sausage Hotpot

準備時間：20 分鐘
烹製時間：1 小時 45 分鐘

材料

珠雞（珍珠雞）1 隻（約 1 公斤），切大塊（見 P.8）
牛油（奶油）50 克，**植物油** 1 湯匙
豬肉香腸 6 根
紅蘿蔔（胡蘿蔔）2 條，切片
青蒜 2 條，剪根，洗淨，切片
麵粉 1.5 湯匙，**紅酒** 150 毫升
清雞湯 450 毫升（自製見 P.65）
杜松子 1 茶匙，用臼和杵搗碎
馬鈴薯 1 公斤，**鹽**和**胡椒粉**適量

作法

1. 將調味料塗滿珠雞。將一半牛油與植物油一同放入砂鍋中，煎雞件 5 分鐘至兩面金黃色，隔油備用。煎香腸 5 分鐘至呈啡色，上碟備用。
2. 餘下的牛油放入砂鍋，加入紅蘿蔔和青蒜炒 5 分鐘至變軟。撒上麵粉，煮 1 分鐘並持續攪拌。把砂鍋移離火源，倒入清雞湯和酒，並拌入杜松子，期間保持攪拌。煮沸後轉至慢火，放珠雞回鍋，蓋上鍋蓋，煮 30 分鐘。
3. 馬鈴薯切薄片，放入砂鍋，以適量鹽及胡椒粉調味。蓋上鍋蓋或鋁箔紙，放入預熱焗爐，以 180°C（煤氣爐 4 度）烤 30 分鐘。馬鈴薯沾上餘下的牛油，並放回焗爐再烤 30 分鐘至香脆及轉為啡色。（可按個人喜好，先將砂鍋放入預熱格數分鐘。）

多一味

簡易牛油酥
Easy Butter Pastry

以牛油酥取代馬鈴薯，在大碗中加入 250 克麵粉、150 克牛油，保持攪拌，避免結塊。加入 2 個蛋黃和 5 湯匙冷水，用刮刀攪拌麵糰，直至麵糰變得結實，如果麵糰乾燥易碎，可加入少許水以增加麵糰濕潤度。包好，等 30 分鐘，待其冷卻。按上述煮法，使用砂鍋，將最初的烹調時間延長至 50 分鐘。待冷，再蓋上已壓扁的酥皮。刷上蛋漿，放入預熱焗爐，用 200°C（煤氣爐 6 度）烤 40 分鐘，直至酥皮轉至金黃色即可。

雞肉焗甜薯角
Chicken & Sweet Potato Wedges

準備時間：20 分鐘
烹製時間：35 分鐘

材料

番薯 4 個（約 1.25 公斤），洗淨
雞腿 4 件，去骨、去皮，切成大塊
紅洋葱 1 個，切三角塊
蕃茄仔（小番茄）4 顆，切塊
西班牙辣香腸 150 克，剝皮，切片
迷迭香 3 枝，摘下葉子
橄欖油 4 湯匙
鹽和**胡椒粉**適量

作法

1. 番薯切半，切成厚三角塊，與雞塊、洋葱及蕃茄放在大烤盤內。加入辣香腸，再撒上迷迭香、少許鹽及胡椒粉，灑上橄欖油。
2. 放入預熱焗爐，用 200°C（煤氣爐 6 度）烤約 35 分鐘，期間翻一、兩次，直到雞肉金黃熟透，番薯角焦黃變軟。
3. 勺起雞肉及番薯角，放到已溫好的碟上，可按個人喜好以西洋菜沙律伴食。

多一味

雜錦根莖茴香雞
Mixed Roots With Fennel & Chicken

使用 1.25 公斤美國焗薯，歐洲蘿蔔和紅蘿蔔。擦洗乾淨馬鈴薯，歐洲蘿蔔及紅蘿蔔去皮，然後切成三角塊。按上述煮法，與雞塊一同放入烤盤內。撒上 2 茶匙茴香籽、1 茶匙薑黃和 1 茶匙辣椒粉，然後淋上 4 湯匙橄欖油，按上述方法烤煮。

蕃茄火雞肉餅
Turkey Polpettes With Tomatoes

準備時間：25 分鐘
烹製時間：30 分鐘

材料

免治火雞肉（火雞肉末）500 克
洋蔥 2 個，切碎
罐頭鯷魚柳 50 克，瀝乾水分，切碎
白麵包屑 50 克
橄欖油 4 湯匙
罐頭切碎蕃茄 2 罐（約 400 克）
曬乾蕃茄醬 2 湯匙
乾披薩草（奧勒岡）2 茶匙
黑糖（Light muscovado sugar）1 湯匙
水牛芝士（Mozzarella Chinese，莫札瑞拉起士）125 克，排水、切薄片
鹽和**胡椒粉**適量

作法

1. 把火雞肉、洋蔥、 魚柳、麵包屑與少許鹽和胡椒粉在碗中拌勻，分成 8 份，捏成扁餅。
2. 在一個大煎鍋內，燒熱 2 湯匙油，肉餅下鍋炸 8 分鐘，直至兩面金黃色。肉餅裝盤，用剩餘的油和炒洋蔥約 5 分鐘。拌入蕃茄、茄醬、披薩草、黑糖及少許鹽和胡椒粉，並煮至將沸未沸狀態。
3. 肉餅回鍋，與醬汁拌勻。開蓋慢煮 15 分鐘，直到肉餅煮熟。
4. 將芝士片放在菜面上，加入大量辣椒調味，放到溫度適中的預熱烤架上，直到芝士溶化。可按個人喜好配上加熱的橄欖意大利拖鞋麵包。

多一味

蕃茄橄欖炸雞肉排
Chicken Escalopes With Tomatoes & Olives

將 4 塊雞胸肉打橫切半，每塊約 125-150 克，雞肉放在 2 塊保鮮紙中間。用麵杖打成薄肉排。加入少許鹽和胡椒粉調味。按上述食譜，用雞肉排替代火雞肉餅，並在加入水牛芝士之前，加入 50 克已切碎去核的黑橄欖或綠橄欖到蕃茄混合料中。

西班牙白豆湯
Caldo Gallego

準備時間：30 分鐘（浸泡時間不計在內）
烹飪時間：2 小時 10 分鐘

材料

燻豬腿 1 隻，約 750 克
曬乾扁豆 150 克，**雞腿** 4 隻
洋蔥 2 個，切碎，**月桂葉** 3 片
冷水 1.2 升，**粉質馬鈴薯** 500 克
紅椒粉 1 湯匙
椰菜（綠花菜）200 克，切絲
芫荽 15 克，粗切
胡椒粉適量

作法

1. 分開兩個碗，用冷水分別隔夜浸泡火腿和扁豆。
2. 瀝乾扁豆，轉移到大鍋裡。用冷水蓋過扁豆，煮滾後轉慢火煮 40 分鐘至變軟，瀝乾水分備用。
3. 加入已瀝乾的火腿、雞腿、洋葱及月桂葉到大鍋中，倒入 1.2 升冷水，煮至將沸未沸狀態。蓋上鍋蓋，轉慢火煮 1 小時。
4. 馬鈴薯切成小塊，與扁豆及紅椒粉同放鍋中。蓋上鍋蓋，慢火煮 20 分鐘，直到馬鈴薯煮腍變軟。
5. 從鍋裡拿起雞腿和火腿。冷卻至可手觸的溫度，去骨、去皮。剩下的肉撕成小塊，放回鍋中。拌入椰菜和芫荽，慢火加熱。加少許胡椒粉調味，即可上桌。

多一味

濃郁雞肉湯
Hearty Chicken Broth

按上述方法浸泡和慢煮扁豆。省略火腿，煮 6 隻雞腿、洋葱及月桂葉，加入 3 條已切碎的紅蘿蔔和 1 茶匙藏茴香籽。再加入 4 湯匙切碎的香芹、切小塊的馬鈴薯、扁豆、紅椒粉，以少許鹽調味，如上述烹煮即可。

扁豆鵪鶉五香梨
Quail With Lentils & Spiced Pears

準備時間：15 分鐘
烹飪時間：1 小時 15 分鐘

材料

紅葱頭 12 個，**生薑粉** 2 茶匙
辣椒粉 1/2 茶匙，**鵪鶉** 4 隻
牛油（奶油）40 克，**橄欖油** 1 湯匙
梨子 2 個，去芯，切三角塊
普伊扁豆（Puy lentils）225 克
肉桂棒 1 條，切半
雞湯 500 毫升（自製見 P.65）
鹽適量
西洋菜適量，伴碟用

作法

1. 將紅葱頭放入耐熱碗，倒入沸水直至蓋過食材，靜置 2 分鐘。用冷水沖洗，去皮，留下完整的紅葱頭。
2. 將生薑粉，辣椒粉和少許鹽混合，擦遍鵪鶉。於砂鍋內倒入牛油與橄欖油，加熱直至牛油溶化，煎鵪鶉 5 分鐘，直到表面呈啡色。隔油，放在碟上。
3. 在帶有牛油的砂鍋中加入紅葱頭和梨子，反覆翻轉幾分鐘，直到梨子開始上色。取出梨子，把鵪鶉放回鍋。
4. 扁豆用冷水沖洗後，放在鵪鶉的周圍。加入肉桂棒和清雞湯，煮至將沸未沸狀態。蓋上鍋蓋，放入預熱焗爐，用 180°C（煤氣爐 4 度）烤 50 分鐘，直到鵪鶉熟透和扁豆變軟。
5. 梨子加入扁豆中拌勻，並放回焗爐，再烤 10 分鐘，取出，伴以西洋菜上桌。

多一味

忌廉根芹菜薯蓉
Creamy Celeriac Purée

根芹菜（塊根芹）去皮，切大塊。將 400 克粉質馬鈴薯切成大小相若的小塊。蔬菜放入大鍋，水量剛蓋過食材。加入少許鹽調味，煮約 20 分鐘，直到蔬菜變軟。食材瀝乾，放回鍋中。加入 50 克牛油、100 毫升法式酸忌廉（法式酸奶油）和大量胡椒粉，用壓薯器搗碎，直到成泥。

白酒香草煮兔肉
Rabbit In White Wine With Rosemary

準備時間：15 分鐘
烹飪時間：2 小時

材料

牛油（奶油）25 克
橄欖油 3 湯匙
兔子 1 隻（約 1.5 公斤），從關節切開
洋葱 2 個，切成薄片
芹菜梗 1 條，切粒
乾辣椒片少許
迷迭香 3 小枝
檸檬 1 個，切成四塊
黑橄欖 12 粒
不帶甜味的白酒 350 毫升
清雞湯 250 毫升（自製見 P.65）
鹽適量

作法

1 準備一個能把整隻兔子緊密蓋好的砂鍋，加入牛油與橄欖油，加熱至牛油溶化。兔子加少許鹽調味，並與洋葱、芹菜梗、辣椒片及迷迭香一同放入砂鍋。蓋上砂鍋，溫度調校至最低，煮 1 小時 30 分鐘，每 30 分鐘把兔子翻轉一次。
2 打開蓋子，轉大火，沸後再煮 15 分鐘，直至大部分汁料蒸發。加入檸檬和黑橄欖拌勻，倒入白酒，沸後再煮 2 分鐘。
3 添加清雞湯，煨煮 10-12 分鐘，期間不時反轉，把油脂淋上兔子，直到湯汁變濃，趁熱上菜。

多一味

香草橄欖焗雞
Chicken With Olives & Rosemary

將 1 隻約 1.5 公斤、從關節切開（見 P.8）的雞替代兔子`。將雞件及上述食材放入烤盤，以 200°C（煤氣爐 6 度）的預熱焗爐烤 1 小時，期間不時反轉雞塊，直到雞肉熟透變脍、大部分的肉汁蒸發。拌入 3 湯匙濃忌廉（高乳脂含量鮮奶油），即可上桌。

味噌雞湯
Miso Chicken Broth

準備時間：10 分鐘
烹飪時間：20 分鐘

材料

葵花籽油 1 湯匙
雞胸 2 件，去骨、去皮、切方粒
白蘑菇（杯子洋菇）250 克，去柄、切片
紅蘿蔔（胡蘿蔔）1 條，切幼條
薑塊一片，1.5 厘米，磨碎
乾辣椒片 2 大撮
糙米味噌醬 2 湯匙
味醂或不甜的雪利酒（Dry Sherry，甘雪莉酒）4 湯匙
生抽（淡色醬油）2 湯匙
冷水 1.2 升
白菜 2 棵，切段
葱 4 棵，切段
芫荽碎 4 湯匙

作法

1. 燒熱油鑊，雞胸煎 5 分鐘至兩面金黃色。加入白蘑菇和紅蘿蔔條，然後加生薑、辣椒片、味噌醬、味醂（或雪利酒）和生抽。
2. 倒入冷水，煮滾，同時攪拌，轉慢火慢煮 10 分鐘。
3. 加入白菜，葱和芫荽，煮 2-3 分鐘，直到青菜變軟。將雞湯勺起，倒入碗內，即可上桌。

多一味

酸辣雞湯
Hot & Sour Chicken Soup

按上述食譜，煎香雞肉，然後加入 125 克已去柄和切片的蘑菇和 1 個切幼條的紅蘿蔔。用 2 個切碎的蒜頭、1 湯匙泰式紅咖哩醬，1 湯匙泰式魚露，及 2 湯匙生抽調味。加入 1.2 升清雞湯，煮滾後，再煮 10 分鐘。按上述方法，在加入葱和芫荽時，加入 125 克切片玉米芯（玉米筍）和 50 克切片蜜糖豆（碗豆），煮 2-3 分鐘。酸辣雞湯舀入碗，伴以切成三角塊的青檸上桌。

煙肉斯佩爾特全麥燴鴿胸
Pigeon With Bacon & Spelt

準備時間：15 分鐘（醃製時間不計在內）
烹飪時間：40 分鐘

材料

砂糖 2 茶匙
鹽 2 茶匙
鴿胸肉 4 件
牛油（奶油）25 克
洋蔥 1 個，切碎
煙肉（培根）4 片，切碎
蕃茄 6 個，去皮（見 P.8），切粗粒
甜醋（意大利香醋）2 湯匙
清雞湯 300 毫升（自製見 P.65）
斯佩爾特（Spelt）**全麥** 75 克
羅勒（九層塔）5 克，撕成片，留部分裝飾用
鹽和**胡椒粉**適量

作法

1 鹽及砂糖拌勻，塗滿鴿胸肉。放進塑膠盒內，合上蓋，留下一線縫隙，放在冰箱醃 2-3 小時。
2 擦去鹽和砂糖，把鴿胸肉用廚房紙抹乾。以煎鍋溶化牛油，煎鴿胸約 5 分鐘，直到兩面呈淺啡色。隔油，裝碟備用。
3 把洋葱和煙肉加入鍋中，略炒 5 分鐘，直到煙肉開始香脆。
4 拌入蕃茄、甜醋、清雞湯及小麥，煮滾。轉慢火，蓋上鍋蓋煮 25 分鐘，直到小麥變軟。
5 切鴿胸成片，與羅勒、少許鹽及胡椒粉一起放鍋，煮透。於菜面撒一些新鮮羅勒作裝飾，即可上桌。

多一味

醃核桃鴿肉抓飯
Pigeon With Pickled Walnut Pilaf

用砂糖和鹽醃鴿胸，按上述方法在牛油中稍煎，取出放碟。在鍋中炒洋葱，加入 25 克杏仁片和 2 瓣碎蒜頭，省略煙肉。加入 125 克絲苗白米、200 毫升清雞湯、1/4 茶匙五香粉及 25 克葡萄乾。蓋上蓋子，輕輕煮 15-20 分鐘，直到大米香軟，如果飯煮熟之前已吸收全部清雞湯，加少許水。將切片鴿胸肉放回鍋，加入 3 個切碎的醃核桃和 3 湯匙新鮮芫荽碎。以少許鹽和胡椒粉調味，即可上桌。

雞肉辣腸黑豆濃湯
Chicken, Chorizo & Black Bean Stew

準備時間：15 分鐘（浸泡時間不計在內）
烹製時間：2 小時 15 分鐘

材料

黑豆 250 克
雞腿 8 件，去皮
西班牙辣香腸（Chorizo sausage）150 克，切成小塊
洋蔥 1 個，切片
茴香莖 1 個，去根、切塊
青椒 2 個，去芯、去核、切塊
藏紅花（番紅花）**絲**，1 茶匙
鹽和**胡椒粉**適量

作法

1. 將黑豆用冷水泡過夜。撈起黑豆，轉移到砂鍋內。倒用大量的水蓋過食材。煮沸，再煮 10 分鐘。瀝乾黑豆，並放回盤中。
2. 於砂鍋中倒入雞腿、香腸、洋蔥、茴香莖及青椒，灑上藏紅花。水量僅蓋過食材，煮至將沸未沸狀態。蓋上鍋蓋，放入預熱焗爐，用 160°C（煤氣爐 3 度）烤 2 小時至黑豆脸軟。
3. 用一個大濾網勺出黑豆，瀝乾水分，用叉子壓成蓉，放回砂鍋，輕輕攪拌至將肉汁變濃。加少許鹽和胡椒粉調味，即可上桌。

多一味

辣香腸煮鷹嘴豆
chorizo with chickpeas

準備一個大鍋，炒香 150 克切粒香腸。加入 2 個切成薄片的洋葱，2 罐切碎蕃茄（每罐約 400 克），2 罐鷹嘴豆（每罐約 400 克），將 40 克葡萄乾、2 湯匙雪莉醋、1 湯匙蜂蜜和 1 茶匙紅椒粉。煮至將沸未沸狀態，轉慢火，蓋上鍋蓋煮 30 分鐘。加少許鹽和胡椒粉調味，即可上桌。

香草烤雞胸
Chicken With Spring Herbs

準備時間：15 分鐘

烹製時間：25 分鐘

材料

意大利軟芝士（Mascarpone Cheese，馬斯卡彭起士）250 克

細葉芹（茴芹）1 把，切碎

香芹 1/2 束，切碎

薄荷葉碎 2 湯匙

雞胸肉 4 件，去骨、帶皮

牛油（奶油）25 克

白酒 200 毫升

鹽和**胡椒粉**適量

作法

1. 在一個碗裡，將芝士和香草混合，加少許鹽和胡椒粉調味。掀起所有雞胸肉的皮，把芝士混合物均分，塗滿雞胸，再將雞皮放回雞肉上撫平，加少許鹽和胡椒粉調味。
2. 將雞胸放在烤盤中，加入牛油，並倒入白酒。
3. 把烤盤放入預熱焗爐，用 180°C（煤氣爐 4 度）烤 20-25 分鐘至金黃色、香脆和熟透。可用按個人喜好以蒜蓉麵包作伴菜，即可上桌。

多一味

迷你蜜紅蘿蔔
Baby Glazed Carrots

以迷你蜜紅蘿蔔替代蒜蓉麵包作為伴菜，做法如下：

在平底鍋裡煮溶 25 克牛油，加入 500 克橫切成四塊的迷你紅蘿蔔，一撮砂糖、鹽和胡椒粉作調味。倒入剛剛足夠蓋過食材的水，以慢火燉 15-20 分鐘，直到紅蘿蔔變軟、水分蒸發，在準備熄火前加入 2 湯匙橙汁。配上切碎的香芹作點綴，伴碟上桌。

fish & seafood
香濃海鮮鍋

準備時間：15 分鐘
烹製時間：50 分鐘

牛油（奶油）25 克
植物油 1 湯匙
洋葱 1 個，切碎
瘦豬肉 200 克，切粒
蒜頭 2 瓣，壓碎
不帶甜味的白酒 150 毫升
罐頭切碎蕃茄 200 克
罐頭椰奶 400 毫升
咖哩醬 1 茶匙
蠟質馬鈴薯 350 克，切塊
蟹肉 300 克
濃忌廉（高乳脂含量鮮奶油）3 湯匙
鹽和**胡椒粉**適量

1 將牛油和植物油倒入燉鍋，加熱至牛油融化，再倒入洋葱和豬肉，輕炒約 10 分鐘，直至呈淺啡色。拌入蒜頭，炒 1 分鐘。用濾網盛起豬肉呈碟。

2 將酒倒入鍋內，煮滾，煮約 5 分鐘，直至水分略有減少。

3 將豬肉放回鍋內，加入蕃茄、椰奶、咖哩醬和馬鈴薯，加熱至將沸未沸狀態。轉慢火，蓋上鍋蓋，煮 30 分鐘。

4 拌入蟹肉和忌廉，煮至熱透，再加少許鹽和胡椒粉調味。趁熱上桌，可依個人口味配上硬皮麵包。

多一味

熏黑線鱈魚甜粟米周打湯
Smoked Haddock & Sweetcorn Chowder

將 25 克牛油倒入燉鍋，煮融，加入 1 個切碎的洋葱和 1 條切碎的芹菜梗，輕炒。拌入 2 茶匙碎芫荽種子、1/4 茶匙薑黃、600 毫升牛奶和 450 毫升清魚湯或清雞湯。煮至剛沸，然後轉慢火，將 500 克蠟質馬鈴薯和 625 克熏黑線鱈魚柳去皮、切塊，倒入鍋中。蓋上蓋子，煮 10 分鐘，再拌入 200 克甜粟米，續煮 10 分鐘。加少許胡椒粉調味，上桌。

扁豆煮鱈魚

準備時間：15 分鐘

烹製時間：50 分鐘

材料

橄欖油 4 湯匙
洋蔥 1 個，切碎
蒜頭 4 瓣，壓碎
罐頭綠扁豆 400 克
迷迭香、香薄荷（Savory）或百里香 2 茶匙，切碎
罐頭蕃茄 400 克，切碎
砂糖 2 茶匙
魚清湯 150 毫升（自製見 P.101）
去皮鱈魚柳 625 克
切碎香芹 4 湯匙
罐頭鯷魚柳 50 克，瀝乾，切碎
鹽和胡椒粉適量
蒜頭蛋黃醬，作配菜

1 將 2 湯匙油倒入砂鍋，燒熱，慢火炒洋蔥 6-8 分鐘，直至洋蔥呈啡色。加入蒜頭和香草煮約 2 分鐘。
2 瀝乾扁豆，與蕃茄、糖和清湯拌入砂鍋。煮至將沸未沸狀態，蓋好鍋蓋，放入已預熱的焗爐，用 180°C（煤氣爐 4 度）烤 10 分鐘。除去鱈魚柳的刺骨，切成 8 塊。加少許鹽和胡椒粉。
3 將香芹和鯷魚拌入砂鍋。把鱈魚柳放入扁豆中，將剩餘的油灑在魚的表面。蓋上鍋蓋，放進焗爐，再烤 25 分鐘，直至鱈魚柳熟透。配上幾湯匙蒜頭蛋黃醬，上桌。

莎莎青醬
Salsa Verde Sauce

替代蒜頭蛋黃醬作配菜，製法如下：將切過的 25 克香芹和 15 克羅勒，與 1 瓣切碎的蒜頭、15 克去核綠橄欖、1 湯匙用鹽水浸泡後瀝乾的酸豆（Capers）和 1/2 茶匙第戎芥末放進攪拌器攪打，打至細碎。再加入 1 湯匙檸檬汁和 125 毫升橄欖油，打成濃醬。最後加少許鹽和胡椒粉調味，也可依個人喜好添加少許檸檬汁讓它更酸、更爽。

海鮮燉地中海魚

準備時間：30 分鐘
烹製時間：45 分鐘

新鮮青口（貽貝）1 大把，**橄欖油** 4 湯匙
去皮白色魚柳 800 克（如青鱈、黑線鱈、大比目魚、鯛魚、魴魚或烏魚）
洋葱 1 個，切碎，**藏紅花**（番紅花）**絲** 1 茶匙
茴香莖球 2 個，去柄及切碎
蒜頭 5 瓣，壓碎，**橙皮** 3 塊
罐頭切碎蕃茄 2 罐（每罐約 400 克）
砂糖 2 茶匙，**曬乾蕃茄醬** 4 湯匙
魚清湯 500 毫升（自製見 P.101）
魷魚筒 250 克，洗淨，切成環
鹽和**胡椒粉**適量

1 擦洗青口。刮去殼上黏附的藤壺，抽掉海藻，丟棄外殼損壞或開口但用手輕拍不會閉合的青口。檢查魚柳，去除骨刺，切成塊。加少許鹽和胡椒粉。
2 將油倒入砂鍋，燒熱，放入洋葱，炒 5 分鐘。加入茴香，炒 10 分鐘，同時攪拌。再加入蒜頭和橙皮，炒 2 分鐘。加入蕃茄、糖、蕃茄醬和魚湯。將藏紅花搓碎，倒入鍋中，把濃湯煮至將沸未沸狀態。打開蓋子，慢火煮 15 分鐘。
3 把最厚、最大塊魚肉放入鍋中，再煮 5 分鐘，加入細碎魚肉及魷魚。將青口鋪在表面，蓋上鍋蓋或封上錫箔紙，再煮 5 分鐘，直到青口殼打開。盛入碗中，丟掉仍合口的青口。

自製蒜蓉蛋黃醬
Homemade Rouille

用叉子叉住一個小辣椒，置烤架上，以最高溫烘烤至辣椒皮出現水泡並變成啡色。離火，待涼後去皮。略切碎，丟棄核和籽。再與 2 瓣切碎的蒜頭，1 個已去核、切碎的紅辣椒，1 個蛋黃和少許鹽放入攪拌機，打至呈糊狀。加入 25 克新鮮白麵包屑，打至順滑，再逐步加入 100 毫升橄欖油。最後加少許鹽調味，盛盤。蓋上鍋蓋，冷藏，待食用時再淋上。

鯖魚芝麻麵
Mackerel with Sesame Noodles

準備時間：10 分鐘

烹製時間：12 分鐘

材料

鯖魚柳 2 片（每片約 125 克）
照燒醬 2 湯匙
麻油 2 茶匙
芝麻 1 湯匙
葱 1/2 把，切碎
蒜頭 1 瓣，切薄片
四季豆 100 克，去頭、去尾及斜切
魚清湯 400 毫升（自製見 P.101）
即食中粗麵（Pack Medium Straight-to-wok Rice Noodles）150 克
砂糖 1 茶匙
青檸（萊姆）汁 2 茶匙

作法

1. 鯖魚切成塊，與照燒醬放入碗中拌勻。
2. 將麻油倒入鍋裡，燒熱，加入芝麻、葱、蒜頭和四季豆，慢火煮 2 分鐘。
3. 加入清湯，煮至將沸未沸狀態。蓋上鍋蓋，再煮 5 分鐘。
4. 將鯖魚、麵條、糖和青檸汁拌入鍋內，慢火煮 2 分鐘，直至魚熟透且湯變溫熱。即可上桌。

變一變

泰式炒河粉
Cheat's Pad Thai

將 1/2 茶匙生粉與 1 湯匙檸檬汁置於小碗中，混合拌勻。再加入 2 湯匙檸檬汁、1/2 茶匙辣椒粉、2 湯匙砂糖和 2 湯匙泰式魚醬。在炒鍋中倒入 1 湯匙植物油，用猛火燒熱，倒入 150 克去殼生蝦仁，炒至呈粉紅色。加入 1/2 把已切碎的葱、200 克豆芽、50 克碎醃花生、150 克即烹中粗麵。加入檸檬汁混合物，邊煮邊攪拌。最後撒上花生碎及一小撮切碎的新鮮芫荽，即可上桌。

忌廉蒜香青口

準備時間：15 分鐘

烹製時間：10 分鐘

活青口（貽貝）1.5 公斤

牛油 15 克

洋葱 1 個，切碎

蒜頭 6 瓣，切碎

白酒 100 毫升

低脂忌廉（低脂鮮奶油）150 毫升

扁葉香芹 1 大把，切碎

鹽和胡椒粉適量

硬皮麵包適量，作配菜

1 用冷水擦洗青口。刮去殼上黏附的藤壺，抽掉海藻，丟棄外殼損壞或開口但用手輕拍不會閉合的青口。

2 將牛油放入平底燉鍋中，加熱溶化。加入洋葱和蒜頭，用慢火炒 2-3 分鐘，直至透明和軟化。

3 轉中火，將青口與酒倒入鍋中。蓋上鍋蓋煮 4-5 分鐘，並輕輕晃動鍋，直到所有青口打開。丟掉仍合口的青口。

4 倒入忌廉，略微加熱，攪拌均勻。加入香芹、少許鹽和胡椒粉，倒入大碗，以硬皮麵包作配菜，以充分吸收肉汁，隨後立即上桌。

蕃茄煮辣青口
Mussels In Spicy Tomato Sauce

按上述食譜炒洋葱和蒜頭，用 1 湯匙橄欖油代替牛油，另加入 1 個已去核、切碎的紅辣椒。之後加 1 茶匙辣椒粉，煮 1 分鐘，同時攪拌，再加入 400 克罐頭切碎蕃茄。加少許鹽和胡椒粉調味，蓋上鍋蓋，慢火煮 15 分鐘。同時，如上述方法擦洗乾淨青口，再將青口拌入蕃茄醬，加熱。蓋上蓋子，煮 4-5 分鐘，直到所有青口打開，丟掉仍合口的青口。加入香芹，上桌。

西班牙烤魚

準備時間：5 分鐘

烹製時間：25 分鐘

去皮哈完魚（Hake）、鱈魚或黑線鱈魚柳 4 件（每件 150 克）

特級初榨橄欖油 5 湯匙

松子 40 克

葡萄乾 50 克

蒜頭 3 瓣，切成薄片

菠菜 300 克，洗淨及瀝乾

檸檬角或青檸（萊姆）角，搾汁用

鹽和胡椒粉適量

鄉村麵包（Rustic Bread）適量，作配菜

1. 魚塊加入少許鹽和胡椒粉調味。在烤盤裡淋上少許橄欖油。將魚塊放入焗盤，稍微間隔開，將剩餘的油刷在魚的表面，再撒上松子和葡萄乾。
2. 放入已預熱的焗爐，用 190°C（煤氣爐 5 度）烤 20 分鐘，直到魚熟透。
3. 在烤盤內，撒上蒜頭。先確保菠菜所有水已被徹底瀝乾，再將菠菜堆在魚身上。加入極小量鹽和胡椒粉調味。把烤盤放回焗爐，再烤 5 分鐘，直到菠菜軟化。
4. 將菠菜盛入溫好的碟子中，再放上魚柳，淋上松子、葡萄乾、蒜頭混合而成的汁液。配上檸檬角和溫好的鄉村麵包，上桌。

榲桲蒜蓉蛋黃醬
Quince Alioli

可作配菜，製法如下：

取 3 湯匙　桲果凍置於碗中，用打蛋器打散果凍。拌入 1 瓣碎蒜頭、大量胡椒粉及 2 茶匙檸檬汁或青檸汁。然後一點一點拌入 4 湯匙橄欖油，直到變得光滑及濃稠。轉移到一個小碗裡，蓋好，冷藏，待食用時再取出。

海鮮砂鍋

準備時間：20 分鐘
烹製時間：15 分鐘

新鮮青口（貽貝）200 克，**橄欖油** 3 湯匙
蛤蜊 200 克（如果沒有，可用青口替代）
紅洋葱 2 個，切粒，**蒜頭** 2 瓣，壓碎
乾辣椒片 1/2 茶匙
小魷魚 200 克，洗淨，切成細條，保留魷魚鬚
帶殼大生蝦 300 克
魚清湯 150 毫升（自製見 P.101）
不帶甜味的白酒 150 毫升
藏紅花（番紅花）**絲** 1/2 茶匙，搓碎
蕃茄 8 個，剝皮（見 P.8）及去核
月桂葉 1 片，**砂糖** 1 茶匙
紅鰡魚或**鱸魚柳** 400 克，切塊
鹽和**胡椒粉**適量

1. 用冷水擦洗青口或蛤蜊。刮去殼上黏附的藤壺，抽掉海藻，丟棄外殼損壞或開口但用手輕拍不會閉合的青口。
2. 將橄欖油倒入平底燉鍋，燒熱，再加入洋葱和蒜頭，輕炒 5 分鐘。拌入辣椒片，再加入青口或蛤蜊、魷魚及大蝦，攪拌均勻。
3. 拌入熱清湯、白酒、藏紅花、蕃茄、月桂葉和糖，加少許鹽和胡椒粉。蓋上蓋子，煮5分鐘。丟掉仍合口的青口或蛤蜊。
4. 加入魚柳，蓋上鍋蓋，慢火煮 5 分鐘，直到熟透，即可上桌。

多一味

白汁海鮮鍋
Creamy Seafood Hot Pot

可用 2 個白洋葱代替紅洋葱，按上述食譜與蒜頭同煮，加入一把已切片的葱及辣椒片。再添加海鮮，拌入清湯、酒、藏紅花、月桂葉和砂糖，略去蕃茄，煮滾。打開蓋子，加少許鹽和胡椒粉調味，煮約 5 分鐘，直到酒已蒸發一半。拌入 200 毫升法式酸忌廉（法式酸奶油）和 300 毫升濃忌廉（高乳脂含量鮮奶油），再煮 5 分鐘。將 1 湯匙生粉與 2 湯匙冷開水置於杯中，拌勻；與 2 湯匙切碎的香芹、1 個檸檬的皮碎一起倒入砂鍋，邊煮邊攪拌，直到稍微變稠。配上米飯和沙律（沙拉），上桌。

熏魚批（派）

Smoked Fish Pie

準備時間：35 分鐘（包括冷凍時間）

烹製時間：1 小時

材料

去皮熏黑線鱈，**綠鱈魚**或**鱈魚柳** 625 克

粟粉（玉米粉）1 茶匙，**葱** 1 把，切碎

雞蛋 4 個，煮熟至溏心

鹽水浸綠胡椒 1 湯匙，漂洗及瀝乾

香芹 15 克，切碎，**新鮮豌豆** 150 克

芝士（起士）**醬** 500 毫升（自製見右欄）

馬鈴薯酥皮

粉質馬鈴薯（Floury Potato）200 克

中筋麵粉 250 克，另備額外分量作灑粉

海鹽碎片 1/2 茶匙，另備額外分量作灑粉

硬質牛油（奶油）75 克，切成小塊，**芥末** 1 茶匙

硬質豬油 50 克，切塊，**蛋液**，作塗層用

做法

1 製作馬鈴薯酥皮。磨碎馬鈴薯，隔幾層廚房紙瀝乾。將麵粉放入碗中，加入鹽、牛油和豬油，用指尖揉搓，直到混合呈粗糙麵包屑狀，再拌入馬鈴薯。混合芥末和 1 湯匙冷開水，倒入碗裡，用刮刀拌勻麵糰至結實，如果感覺麵糰乾燥、易碎，加少許水。包好，冷藏至少 30 分鐘。

2 檢查魚柳，除去骨刺，切成小塊，加入粟粉，拌勻，再倒入淺盤或餡餅盤子中。把雞蛋壓在魚塊之間。

3 在魚和蛋上撒上葱、胡椒粉、香芹、豌豆。在檯面灑上中筋麵粉，放上酥皮麵

糰， 薄，直至比碟稍大。在盤子邊緣刷上少許水，蓋上酥皮，修剪掉多餘的部分。將酥皮麵糰邊緣捲起，並在中間刺一個孔。刷上蛋液，撒上鹽，放入已預熱的焗爐，用 200°C（煤氣爐 6 度）烤 20 分鐘。降低溫度至 160°C（煤氣爐 3 度）烤 40 分鐘，直到酥皮呈深金色。

多一味

巴馬臣芝士醬
Homemade Parmesan Cheese Sauce

將 40 克牛油置於鍋中融化，加入 40 克麵粉，用中火邊加熱邊攪拌 1 分鐘，直至呈糊狀。離火，拌入 375 毫升牛奶。放回火上，煮至醬稠和起泡，繼續攪拌。最後拌入 75 克磨碎的巴馬臣芝士（帕瑪森起士），加少許鹽和胡椒粉調味。移到碗裡，待涼。

海蘆筍焗釀鮪魚柳

準備時間：20 分鐘
烹製時間：55 分鐘

特軟馬鈴薯（Maris Piper Potato）750 克，切成薄片
橄欖油 6 湯匙
百里香 1 湯匙，切碎
鯛魚柳 4 件，每件約 150 克
意大利生火腿（Prosciutto）75 克，切碎
葱 2 棵，切碎
檸檬 1 個，磨皮
海蘆筍（珊瑚草）200 克
鹽和胡椒粉適量

1. 馬鈴薯片加 4 湯匙油、少許鹽及胡椒粉、百里香置於碗中，上下搖晃。倒入烤盤或耐熱盤中，並均勻鋪開一層。用錫紙蓋好，放入已預熱的焗爐，用 190°C（煤氣爐 5 度）烤約 30 分鐘，直至馬鈴薯變軟。
2. 在鮪魚柳表面輕輕劃幾刀。將火腿、葱、檸檬皮和少許胡椒粉混合，夾進鮪魚柳，用幼繩分段綁好。把每件鮪魚柳由中間切開，分成 4 等份。
3. 將魚塊鋪排在馬鈴薯上，放回到焗爐，拿走錫紙，再烤 20 分鐘，直到魚熟透。
4. 將海蘆筍撒在魚的周圍，淋上剩餘的油。食用前放回焗爐再烤 5 分鐘。

煙肉包鱒魚焗馬鈴薯
Bacon-Wrapped Trout With Potatoes

按上述食譜烤馬鈴薯，再將 4 條已去鱗和清除內臟的鱒魚沿兩側各切一刀，塞幾條香草小枝（如香芹、龍蒿或蒔蘿）到每條魚的空腔。每條魚各用 2 片五花煙肉（培根）包裹，放在馬鈴薯上，不蓋錫紙，再放回焗爐烤 25-30 分鐘，直到煙肉香脆和魚熟透。

大比目魚配烤蔬菜

準備時間：25 分鐘
烹製時間：約 1 小時

紅葱頭 250 克
甜菜根 625 克，洗淨、切塊
馬鈴薯 625 克，擦洗乾淨
茴香莖 1 個，剪莖並切塊
橄欖油 7 湯匙
迷迭香小枝大量
蒜頭 8 瓣，去皮
比目魚排 4 件，每件約 150-175 克
罐裝鯷魚柳 6 件，瀝乾
檸檬汁 1 湯匙，切碎香芹 2 湯匙
鹽和胡椒粉適量

1 將紅葱頭置於碗中，倒入沸水，靜置 2 分鐘，再倒掉熱水，用冷水沖洗，去皮。
2 將紅葱頭與甜菜根、馬鈴薯和茴香放入烤盤。淋上 3 湯匙橄欖油，放入已預熱焗爐，用 220°C（煤氣爐 7 度）烤 45-50 分鐘，直到蔬菜微焗。焗半小時左右，加入迷迭香小枝和蒜頭。
3 在比目魚排兩面撒上鹽和胡椒粉，再鋪在蔬菜上。將烤盤放回焗爐，再烤 15 分鐘，直至魚熟透。
4 將鯷魚柳切碎，和剩餘的橄欖油、檸檬汁、香芹、鹽及胡椒粉放入碗中，攪拌均勻。
5 將大比目魚和蔬菜倒入已溫好的碟上，淋上調味料，上桌。

鯷魚蕃茄烤鱈魚
Baked Cod With Anchovies & Tomatoes

將烤盤放上爐頭，倒入 2 湯匙橄欖油，燒熱，放入 1 個切碎的小紅洋葱，慢火炒 5 分鐘，直到軟化。加入 2 茶匙切碎的迷迭香，6 件瀝乾、切碎的罐鯷魚柳，12 個去核黑橄欖和 500 克四等分的蕃茄，拌勻。將 4 件大塊的去皮鱈魚柳（每件約 175 克）與鹽、胡椒粉混合，放在烤盤中間，淋上一點點橄欖油。放入已預熱焗爐，用 190°C（煤氣爐 5 度）烤約 25 分鐘，直到魚熟透。

水牛芝士烤沙甸魚

Baked Sardines With Mozzarella

準備時間：10 分鐘

烹製時間：30 分鐘

材料

小洋蔥 1 個，切碎
蒜頭 2 瓣，切成薄片
芹菜梗 1 條，切成薄片
特級初榨橄欖油 3 湯匙
罐裝或瓶裝西班牙舌型椒（Piquillo Pepper）100 克，瀝乾
鹽漬酸豆（Capers）1 湯匙，洗淨，瀝乾
沙甸（沙丁）魚柳 4 件
水牛芝士（莫札瑞拉起士）球 100 克
意大利拖鞋麵包 4 片
鹽和胡椒粉適量

做法

1. 將洋葱、蒜頭、西芹和 1 湯匙油放入小烤盤，拌勻。放進已預熱的焗爐，用 200°C（煤氣爐 6 度）烤 10 分鐘，直到軟化。
2. 將辣椒切成薄片，與酸豆放入烤盤，加少許鹽和胡椒粉。鋪在沙甸魚上面，淋上一湯匙油。放回焗爐，再烤 15 分鐘，直到沙甸魚烤熟。
3. 加入水牛芝士，再將烤盤放回焗爐，烤 2 分鐘。
4. 烤意大利拖鞋麵包，每面各烤 1-2 分鐘。
5. 把烤好的意大利拖鞋麵包放在溫好的碟上，在麵包上放上沙甸魚及蔬菜。澆上盤中肉汁和剩餘的油，上桌。

多一味

烤吞拿魚（鮪魚）配炭烤蔬菜
Baked Tuna With Chargrilled Vegetables

按上述食譜，煮洋葱、蒜頭及西芹。加入 2 件吞拿魚排（每件約 125 克），和 150 克已切片及炭燒的紅辣椒，將烤盤放回到焗爐中，烤 10 分鐘。加入 8 粒黑橄欖和少許檸檬汁，再將烤盤放回到焗爐，烤 2 分鐘。將吞拿魚切片，如上與蔬菜鋪在烤好的意大利拖鞋包上，再淋上 1 湯匙特級初榨橄欖油即可。

大蝦水果烤古斯米（北非小米飯）
Baked Prawn & Fruit Couscous

準備時間：20 分鐘
烹製時間：40 分鐘

材料

蝦仁 200 克
洋蔥 1 個，切碎
中辣綠色辣椒（青辣椒）1 個，去核並切碎
蒜頭 2 瓣，切成薄片
茴香籽 1 茶匙
紅椒粉 1/2 茶匙
橄欖油 4 湯匙
古斯米（庫斯庫斯，又稱北非小米）150 克
魚清湯或清雞湯 200 毫升（自製見 P.101 和 P.65）
芫荽 15 克，切碎
菜薊（碳烤朝鮮薊）175 克，炭燒，切片
桃子或油桃 2 個，去核並切片
鹽和胡椒粉適量

做法

1 隔幾層廚房紙將大蝦拍乾。
2 在砂鍋中，加入洋蔥、辣椒、蒜頭、茴香籽、辣椒粉和油，拌勻。蓋上鍋蓋，放入已預熱的焗爐，用 180°C（煤氣爐 4 度）烤 20 分鐘，直到洋蔥變軟。
3 打開蓋子，將蝦倒入砂鍋，放回焗爐，再烤 15 分鐘，直到大蝦變成粉紅色。
4 同時，放古斯米進耐熱碗，倒入熱清湯。靜置 5 分鐘，直到清湯被吸收。
5 用叉子弄鬆古斯米，加入芫荽、菜薊和桃，拌勻，加少許鹽和胡椒粉調味。重新蓋好鍋蓋，放回焗爐，最後烤 5 分鐘至熱透。

多一味

香蒜醬大蝦古斯米
Pesto Prawns With Couscous

將 50 克松子放進砂鍋，放入已預熱焗爐，用 180°C（煤氣爐 4 度）烤約 8-10 分鐘。將松子倒入碗裡。如上在砂鍋中煮洋蔥、蒜頭、油，再放入大蝦，無須加入辣椒、茴香籽和紅椒粉。如上用清湯準備古斯米，並與 5 湯匙市售綠香蒜醬、2 個去核和切片的桃子、15 克羅勒葉和烤松子倒入砂鍋中，拌勻，再加少許鹽和胡椒粉調味。放回焗爐，最後烤 5 分鐘至熱透。

熏蜆煙肉焗馬鈴薯

準備時間：25 分鐘

烹製時間：1 小時 30 分鐘

材料

蠟質馬鈴薯 750 克

罐裝熏蜆 2 罐（每罐約 150 克），瀝乾

煙肉（培根）**片** 75 克，切粒

葱 3 棵，切成薄片

低脂忌廉（Single Cream，低脂鮮奶油）250 毫升

牛奶 250 毫升

百里香 1 湯匙，切碎

蒜頭 2 瓣，壓碎

格魯耶爾芝士（Gruyère Cheese）50 克，磨碎

白麵包屑 50 克

牛油（奶油）40 克，煮溶，另備額外分量作潤滑用

胡椒粉適量

1 用牛油塗抹 2 升容量的淺盤。擦洗及切馬鈴薯成片，然後將一半鋪入盤中。

2 將蜆切碎，與煙肉和青葱一起撒在馬鈴薯上。將剩餘的馬鈴薯片放在上面。

3 將忌廉、牛奶、百里香、蒜頭和一半的格魯耶爾芝士置於碗中，攪拌均勻。加入大量胡椒粉，再澆在馬鈴薯上。用錫紙蓋好，放入已預熱的焗爐，用 180°C（煤氣爐 4 度）烤 45 分鐘。

4 將麵包屑拌入溶化的牛油，直到麵包屑表面沾滿牛油。把麵包屑撒在馬鈴薯上，再撒上剩餘的格魯耶爾芝士。去除錫紙，放回焗爐，再烤 45-50 分鐘，直到馬鈴薯變軟和餡料呈金黃色。可依個人喜好配上蔬菜或蕃茄沙律（沙拉），上桌。

烤蕃茄小酸豆

Roast Tomatoes With Capers

將 750 克小蕃茄每個分兩半，放進烤盤，切開的一面朝上。撒上 1/2 茶匙砂糖、少許鹽及胡椒粉和 1 茶匙乾披薩草（奧勒岡）。淋上 3 湯匙橄欖油，撒上 2 湯匙已沖洗並瀝乾的鹽漬小酸豆。放入已預熱的焗爐，用 180°C（煤氣爐 4 度）烤 50-60 分鐘，直到蕃茄焗熟並開始變色。

經典西班牙海鮮飯

準備時間：40 分鐘
烹製時間：1.5 小時

新鮮青口（貽貝）1 公斤
蒜頭 4 瓣
混合香草 1 小束
不帶甜味的白酒 150 毫升
清雞湯（自製見 P.65）或水 2 升
橄欖油 4 湯匙
小魷魚 4 隻，洗淨，切成環
洋蔥 1 個，切碎
紅辣椒 1 個，去芯、去核和切碎
蕃茄 4 個，剝皮（自製見 P.8）、去核切碎
雞腿 12 件，去皮、去骨，切成一口大小
西班牙米（Paella Rice）500 克
藏紅花（番紅花）絲 1 大把，搓碎
豌豆 125 克
蝦仁 12 隻
鹽和胡椒粉適量

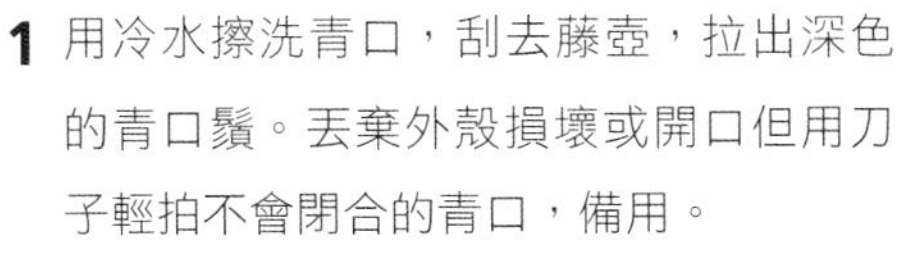

1 用冷水擦洗青口，刮去藤壺，拉出深色的青口鬚。丟棄外殼損壞或開口但用刀子輕拍不會閉合的青口，備用。

2 將 2 瓣蒜頭切片，剩下的拍碎。在平底鍋內放入已切片的蒜頭、香草、酒和 150 毫升的清湯或水，加入鹽和胡椒粉。將青口倒入鍋中，蓋上鍋蓋，煮 4-5 分鐘，同時晃動鍋子，直到所有外殼打開。用濾網把青口盛入碗中，丟掉任何仍然合口的青口。湯汁過濾雜質後，留用。

3 倒 2 湯匙油入鍋，燒熱，倒入魷魚，拌炒 5 分鐘。加入洋蔥、紅辣椒和蒜蓉，慢火煮 5 分鐘，直到軟化。倒入青口湯和蕃茄，加少許鹽和胡椒粉，煮沸，然後轉微火，邊煮邊攪拌 15-20 分鐘，直到湯汁變濃稠，轉移到一個碗裡。

4 把雞腿肉放入鍋中，用剩餘的油炸 5 分鐘。加入西班牙米，邊煮邊攪拌 3 分鐘。將魷魚混合物放回鍋中，加入三分之一的剩餘清湯和藏紅花，攪拌，煮至沸騰。蓋上鍋蓋，煨 30 分鐘直到雞肉煮熟、飯已變軟和水燒乾。調好味道，加入豌豆和蝦，燜煮 5 分鐘，如有需要可加入少許清湯。最後加入青口，蓋好，燜煮 5 分鐘至熱透。即可上桌。

烤鱈魚薯條拌薄荷豌豆

準備時間：20 分鐘

烹製時間：1 小時 10 分鐘

烘焙用馬鈴薯 1 公斤

植物油 5 湯匙

紅椒粉，芹鹽和**孜然粉**各一大撮

鱈魚片 4 件，每件約 150-175 克

牛油（奶油）20 克

豌豆 400 克

魚清湯或**清雞湯** 100 毫升（自製見 P.101 和 P.65）

切碎薄荷 1 湯匙

法式酸忌廉（法士鮮奶油）2 大匙

鹽和**胡椒粉適量**

1. 馬鈴薯洗淨，切成 1 厘米厚片，再橫切成粗條小塊。放入碗裡，淋上油，反復翻滾，直至油塗滿表面。撒上紅椒粉、芹鹽和孜然粉，混合均勻。
2. 將烤盤放入已預熱焗爐，用 200°C（煤氣爐 4 度）烤 3 分鐘。將馬鈴薯均勻鋪開，再放入焗爐烤 40 分鐘，反轉幾次，直到表面呈均勻的淡金色。
3. 在魚塊上撒上少許鹽和胡椒粉調味。將馬鈴薯堆在烤盤的一側，放入魚塊，在食材表面點上牛油。將烤盤放回焗爐，再烤 20 分鐘，直到魚熟透。將魚和薯塊移到溫熱好的碟上，並放回焗爐，打開焗爐門，利用餘溫保暖。
4. 將豌豆和清湯倒入烤盤，煮沸，再煮 3 分鐘，直到豌豆煮熟。把烤盤上的食物倒進攪拌器內，加入薄荷和法式酸忌廉，打至菜泥狀。配上魚和薯條，上桌。

自製蕃茄醬
Homemade Tomato Ketchup

取 625 克成熟蕃茄，粗切，與 1 個切碎的洋葱、50 克淺黑糖、1/4 茶匙紅椒粉、1/2 茶匙鹽和 50 毫升紅酒醋放於鍋中。煮沸，然後轉慢火，煮約 30 分鐘，同時不停攪拌，直到醬汁變稠。醬汁過篩，倒入碗中。待冷，作為配菜上桌。

墨魚黑米飯

準備時間：20 分鐘

烹製時間：35 分鐘

材料

墨魚 500 克，洗淨，橄欖油 4 湯匙
洋蔥 1 個，切碎，蒜頭 3 瓣，壓碎
西班牙米 300 克，墨魚汁 15 克
魚清湯或清雞湯 900 毫升（自製見 P.101 和 P.65）
切碎百里香 2 茶匙，香芹 15 克，切碎
不帶甜味的白酒 150 毫升
青檸（萊姆）三角塊，作擠汁調味和配菜
鹽和胡椒粉適量

做法

1 將墨魚切成 5 毫米厚的環，隔數層廚房紙拍乾。將油倒入燉鍋，燒熱，分兩批倒入炒墨魚圈，用慢火煮至不透明，盛碟。將洋蔥倒入鍋內，炒 5 分鐘，直至變軟，最後幾分鐘加入蒜頭。拌入米飯，再煮 2 分鐘，攪拌至飯粒沾滿油和肉汁。另取一容器，混合墨魚汁與 2 湯匙清湯，預留。

2 將百里香和白酒拌入鍋內，用猛火煮，同時攪拌，直至酒被吸收，倒入剩餘清湯煮滾。轉微火，開蓋煮約 20 分鐘，不停攪拌，直到米飯煮熟，水燒乾。如果太乾，可加一些清湯。

3 將墨魚放回鍋，加入墨汁和一半香芹，攪勻，再加少許鹽和胡椒粉調味。舀入碗中，撒上剩餘香芹。配上青檸三角塊，上桌。

多一味

藏紅花海鮮雜燴紅米飯
Red Rice, Saffron & Seafood Pilaf

牛油（奶油）置於平底鍋中，加熱溶化，再倒入 1 個切碎的洋蔥，2 條切碎的芹菜梗和 50 克烤杏仁片，炒 5 分鐘。取 250 克紅米，沖洗、瀝乾，與 500 毫升清湯、1/2 碎橙皮、1/2 茶匙孜然粉和 1/2 茶匙搓碎的藏紅花（番紅花）絲一同入鍋，以慢火煨煮 35-40 分鐘，同時攪拌，直到飯熟。如果有需要可加入清湯。最後將 400 克　鰊魚（或其他硬質地去皮白魚柳）切成片，與切碎的芫荽拌入飯，再煮幾分鐘，即可上桌。

牛油豆辣椒蝦湯

準備時間：15 分鐘（浸泡時間不計在內）

烹製時間：50 分鐘

乾牛油豆（皇帝豆）250 克
生蝦仁 500 克
辣椒粉 1/2 茶匙
橄欖油 2 湯匙
曬乾蕃茄醬 4 湯匙
砂糖 2 茶匙
煙肉（培根）100 克，切碎
洋葱 2 個，切碎
月桂葉 3 片
鹽適量
香芹適量，切碎，作裝飾用

1. 牛油豆浸冷水過夜，然後瀝乾。
2. 將大蝦隔幾層廚房紙拍乾，撒上辣椒粉和少許鹽。
3. 將油倒入平底燉鍋，燒熱，倒入大蝦快炒，直到兩面都呈粉紅色。拌入蕃茄醬、糖和 2 湯匙水。慢火煮 1 分鐘，同時攪拌，呈碟。
4. 將煙肉倒入鍋中，煮至啡色。拌入瀝乾的牛油豆、洋葱、月桂葉和 1 升冷水，煮至將沸未沸狀態。轉慢火，蓋上鍋蓋，煮 40 分鐘，直到牛油豆變軟。
5. 隔去月桂葉。將湯和豆倒入攪拌器，混拌均勻，再放回鍋裡，用慢火加熱，拌入一半的蝦，加少許鹽和胡椒粉調味。
6. 將湯舀入碗中，再盛入剩餘的大蝦和蝦汁。撒上切碎的香芹，上桌。

簡易香蒜蝦意大利麵
Simple Prawn & Pesto Pasta

在鍋裡加入水和少許鹽，煮沸。加 300 克乾意大利扁麵條，煮 10 分鐘至麵條剛變軟，瀝乾，放回到鍋中。放入 400 克熟蝦仁、200 克瓶裝曬乾蕃茄香蒜醬、4 湯匙鮮忌廉（鮮奶油），加少許鹽和胡椒粉調味。慢火加熱 2 分鐘，上桌。

準備時間：15 分鐘
烹製時間：30 分鐘

新鮮青口（貽貝）1 公斤
牛油（奶油）25 克
洋葱 1 個，切碎
蒜頭 3 瓣，壓碎
不帶甜味的白酒 150 毫升
小馬鈴薯 500 克，擦洗
皺葉香芹（Curly Parsley）50 克，切碎
低脂忌廉（低脂鮮奶油）150 毫升
鹽和胡椒粉適量

1 按 P.84 上第一個步驟所述，準備青口。牛油置於平底燉鍋裡，加熱溶化，用慢火炒洋葱 5 分鐘，直到溶化，最後幾分鐘，加入大蒜。倒入酒，煮滾。倒青口入鍋，蓋上鍋蓋，邊晃動鍋邊煮 4-5 分鐘，直到所有青口的外殼打開。用濾網舀起青口，放入碗中。
2 倒馬鈴薯入鍋，蓋好，慢火煮 15 分鐘，直到馬鈴薯熟透，如果水燒乾了，可增加少許。取出約三分之二的青口去殼，丟掉殼仍關閉的青口。
3 將香芹和忌廉放入攪拌機打碎，倒入油鍋，煮沸。再多煮一陣子，直至汁液略為變稠。將所有青口放回鍋內，用慢火加熱幾分鐘。再加入胡椒粉和少許鹽調味，舀入碗中，上桌。

香草梳打麵包
Easy Herb Soda Bread

將 250 克中筋麵粉、250 克全麥麵粉、1 茶匙發粉和 1.5 茶匙鹽置於碗中，混合拌勻。將 50 克牛油切小塊，倒入碗中，用指尖搓揉，直至混合物呈麵包屑狀。加入 50 克切碎香草和 275 毫升乳酪，用刮刀混合成麵糰。將麵糰放在已撒上麵粉的檯面上，揉成球狀，放入塗滿牛油的烤盤裡，在表面先劃一刀，然後打橫再劃一刀。放入已預熱的焗爐，用 220°C（煤氣爐 7 度）烤 30 分鐘，直至麵包表皮呈金黃色，輕敲麵包底部發出空洞的聲音，即可上桌作伴菜。

喀拉拉咖哩海鮮

準備時間：20 分鐘
烹製時間：35 分鐘

厚塊去皮白色魚 750 克（如鱈魚或綠鱈魚）
植物油 3 湯匙
黃芥菜籽 1 湯匙
胡蘆巴籽（Fenugreek seed）1/2 茶匙
芫荽碎 1 茶匙
中辣綠色辣椒（青辣椒）1 個，去核、切碎
洋葱 1 個，切成薄片
蒜頭 3 瓣，壓碎
薑根 50 克，磨碎
薑黃 1/2 茶匙
罐裝椰奶 400 毫升
罐裝切碎蕃茄 200 克
魷魚筒（管）200 克，洗淨，切成細圈
鹽適量

1. 清除魚的雜散骨刺，再切成塊狀。
2. 在砂鍋中，燒熱 2 湯匙油，輕輕煮芥菜籽和胡蘆巴籽，直到爆開。加入芫荽、辣椒及洋葱，略煮5分鐘，期間不斷攪拌。
3. 拌入蒜頭、生薑及薑黃，再用勺子取出放碟上。將剩餘的油加入鍋中，炒魚 3-4 分鐘，直到各面變色，略略轉動魚身。用濾網盛起，放到另一隻碟上。
4. 香料回鍋，加入椰奶。煮至將沸未沸狀態，蓋上鍋蓋，再煮 10 分鐘。
5. 拌入蕃茄，將魚與魷魚圈回鍋。蓋上鍋蓋，慢火煮10分鐘，舀入淺碗中，上桌。

喀拉拉香飯
Keralan Perfumed Rice

沖洗並瀝乾 300 克印度香米。在鍋中熱溶 25 克牛油（奶油）或酥油（Ghee），加 1 茶匙荳蔻莢、1 枝已切半的肉桂棒、咖哩葉碎和 1 個切碎的紅葱頭，慢火煮 3 分鐘，同時攪拌。加入香米，煮 2 分鐘，期間不時攪拌。倒入 500 毫升水，煮滾。將爐火降至最低，蓋上鍋蓋，煮 12-15 分鐘，直到米飯煮熟。用叉子翻鬆米飯，加少許鹽和胡椒粉調味，上桌。

鱈魚蔬菜濃湯

準備時間：20 分鐘（浸泡時間不計在內）

烹製時間：50 分鐘

醃鱈魚 500 克

橄欖油 4 湯匙

洋蔥 2 個，切碎

茄子 1 個，切丁

蒜頭 3 瓣，壓碎

魚清湯 1.2 升（自製見右欄）

披薩草碎（奧勒岡）2 湯匙

蕃茄醬 2 湯匙

意大利麵 100 克，折斷成短條

車厘茄（聖女小番茄）400 克，切成 4 份

椰菜（綠花菜）或**羽毛甘藍**（Cavolo Nero）6-8 片，切幼絲

1. 在一碗冷水裡，浸泡鱈魚 1-2 天，換水幾次，瀝乾，去皮、去骨，切成小塊。
2. 在大鍋中燒熱 2 湯匙油，翻炒洋蔥和茄子約 10 分鐘至呈啡色，於翻炒的最後幾分鐘加入蒜頭。
3. 加入清湯，煮至將沸未沸狀態。拌入披薩草碎、蕃茄醬和醃鱈魚，蓋上鍋蓋，慢火煮約 25 分鐘，直到鱈魚軟熟。
4. 拌入麵條，煮約 5 分鐘，麵條快將變軟時拌入蕃茄、椰菜，煮 5 分鐘。加少許鹽和胡椒粉調味，舀入碗，上桌。

自製魚清湯
Homemade Fish Stock

在大鍋中煮溶 15 克牛油（奶油），略炒 1 公斤白魚骨和魚肉，直到魚肉都變成啞色。添加分成 4 份的洋蔥、2 條粗切的西芹梗，一把香芹，幾塊檸檬片和 1 茶匙胡椒粒。用冷水蓋過食材，煮至將沸未沸狀態。慢火煮 30-35 分鐘。用篩子過濾，待冷。蓋好，放入冰箱，可存放 2 天，或結成冰塊，可放置長達 3 個月。

vegetarian
健康素菜鍋

咖哩甜薯豆糊
Masala Dahl With Sweet Potato

準備時間： 15 分鐘
烹製時間： 50 分鐘

材料

植物油 3 湯匙
洋葱 2 個，切碎
蒜頭 2 瓣，壓碎
乾辣椒薄片 1/2 茶匙
生薑塊，1.5 cm，磨碎
印度咖哩粉（Garam Masala，印度什香粉）2 茶匙
黃薑粉 1/2 茶匙
乾豌豆 250 克，開邊，沖洗乾淨
罐頭切碎蕃茄 200 克
蔬菜湯 1 升（自製見 P.118）
番薯 500 克，去皮，切小塊
菠菜 200 克，洗淨，瀝乾，鹽適量
印度薄餅，作伴菜（自製見右欄）

作法

1. 把油倒入平底鍋加熱，放入洋葱，清炒 5 分鐘，加入蒜頭、辣椒片、生薑、印度咖哩粉、黃薑粉同煮，炒 2 分鐘。
2. 將開邊豌豆、蕃茄及 750 毫升蔬菜湯加入平底鍋中，煮沸。蓋上鍋蓋，轉慢火煮 20 分鐘，直到豌豆開始軟化。如鍋中食材過乾，可再加入蔬菜湯。
3. 加入番薯拌勻，蓋上鍋蓋，再煮 20 分鐘，直到豌豆和番薯變得軟熟。如有需要，可加入更多蔬菜湯。加入菠菜，繼續攪拌，至菠菜轉脸。加少許鹽調味。與溫熱的印度薄餅及芒果醬一同上桌。

多一味

印度薄餅
Homemade Spiced Naan Breads

將 250 克麵粉、1 茶匙壓碎芫荽籽、1 茶匙孜然粉、1 茶匙鹽、1 茶匙混合乾酵母放入一大碗中，拌勻。加 2 茶匙原味酸奶和 125 毫升溫牛奶，用圓刃刀攪拌成軟麵糰。如感覺太乾，可略灑點水。在檯面上撒些許麵粉，將麵糰放在上面揉搓約 10 分鐘（或用攪拌機中速揉搓 5 分鐘）。把麵糰放進碗中，蓋上保鮮薄膜，讓麵糰發酵約 1 小時。等麵糰體積漲大一倍時，再放到撒了麵粉的檯面上，將麵糰平均分為 4 份，揉成每塊 22cm 長的瓜子型薄片。加熱乾煎鍋，放上薄餅，每面煎 2-3 分鐘，至薄餅蓬鬆和轉淺啡色便可食用。

懶人蔬食早餐
All-in-one Veggie Breakfast

準備時間： 10 分鐘

烹製時間： 35 分鐘

材料

煮熟馬鈴薯 500 克，切成小方塊
橄欖油 4 湯匙
百里香小支少量
白蘑菇（洋菇）250 克，剪莖
車厘茄（聖女小番茄）12 顆
雞蛋 4 個
切碎香芹 2 茶匙，灑面用
鹽及胡椒粉適量

作法

1 將熟馬鈴薯塊均勻地鋪在焗盤上，淋上 2 湯匙油，撒上百里香小枝，再加入鹽及胡椒粉調味。放入已預熱的焗爐，用 220°C（煤氣爐 7 度）烤 10 分鐘。
2 將馬鈴薯塊攪拌均勻，加入白蘑菇，放回焗爐烤 10 分鐘。加入蕃茄，再烤 10 分鐘。
3 在蔬菜間挖出 4 個空隙，小心地往每個空隙中打進一個雞蛋，把焗盤放回焗爐烤 3-4 分鐘，至雞蛋凝結。
4 把切碎的香芹灑在食物表面，上桌。

多一味

懶人蔬食晚餐
All-in-one Veggie Supper

按上述食譜烘烤，材料改為 750 克馬鈴薯、400 克白蘑菇，不加雞蛋。最後在蔬菜上撒上磨碎的車打芝士（切達起士），入焗爐烤 10 分鐘。

豆苗蒔蘿意大利寬條麵

Pappardelle With Pea Shoots & Dill

準備時間：10 分鐘

烹製時間：25 分鐘

材料

意大利寬條麵（Pappardelle）200 克，或其他意大利麵條亦可

牛油（奶油）50 克

蒜頭 1 瓣，壓碎

蒔蘿 2 茶匙，切碎

巴馬臣芝士（帕瑪森起士）50 克，新鮮磨碎

豌豆苗 50 克，去掉粗莖

檸檬切角，擠汁用

鹽及**胡椒粉**適量

作法

1. 在平底鍋裡倒入鹽水，煮沸，加入意大利麵條，煮 8-10 分鐘，至麵條變軟。瀝去水分，把麵條放回平底鍋。
2. 把牛油平均地灑在加熱的麵條上，加入蒜頭、蒔蘿、巴馬臣芝士、少許鹽及胡椒粉，攪拌至均勻，再加入豆苗，繼續攪拌至豆苗稍變軟，與麵條均勻混和。
3. 即上桌，將檸檬汁擠在麵條上。

多一味

橄欖羅勒白汁意大利麵
Spaghetti Carbonara With Olives & Basil

取雞蛋 1 個、蛋黃 2 個、100 毫升低脂忌廉（低脂鮮奶油）、40 克新鮮磨碎的巴馬臣芝士、1 瓣壓碎的蒜頭放入大碗中，加入鹽、胡椒粉，打勻備用。把 200 克乾意大利麵或意大利細麵（linguini）放進平底燉鍋，加入煮沸的鹽水，煮 8 分鐘，至麵條變軟。瀝去水分後，把麵條放回鍋內。加入蛋液和 50 克去核切碎的黑橄欖，繼續攪拌至蛋液在麵條的熱力中半熟，如需要可再略加熱。即上桌，灑上大量碎羅勒葉。

意大利青醬檸檬湯
Pesto & Lemon Soup

準備時間：10 分鐘
烹製時間：25 分鐘

材料

橄欖油 1 茶匙
洋葱 1 個
蒜頭 2 瓣，切碎
蕃茄 2 個，去皮（見 P.8），切粒
蔬菜湯 1.2 升（自製見 P.118）
意大利青醬 1 茶匙，另備額外分量上桌用
檸檬 1 個，取皮碎，擠汁
西蘭花 100 克，切小花，莖幹切片
翠玉瓜（西葫蘆）150 克，切粒
黃豆 100 克，冷藏
乾貝殼麵 65 克
菠菜，洗淨瀝乾，切碎
鹽及**胡椒粉**適量
羅勒葉適量，作裝飾
曬乾蕃茄意大利餅或**拖鞋麵包**，作伴菜

作法

1. 將油倒進平底鍋裡，輕炒洋葱 5 分鐘至軟化。加入蒜頭、蕃茄、蔬菜湯、意大利青醬、檸檬皮碎、少許鹽及胡椒粉，慢火燉 10 分鐘。
2. 放入西蘭花、翠玉瓜、黃豆和貝殼麵，燉 6 分鐘。
3. 加入菠菜及檸檬汁，煮 2 分鐘，至菠菜軟化，貝殼麵剛軟。
4. 用勺子把湯轉到湯碗，加上幾茶匙青醬，再撒上羅勒葉作裝飾。以溫熱橄欖或曬乾蕃茄意大利餅或拖鞋麵包伴食。

多一味

巴馬臣芝士薄片
Home Made Parmesan Thins

代替麵包作伴菜，製法如下：
在烤盤內鋪上不黏底焗爐紙（烘焙紙），將 100 克新鮮磨碎的巴馬臣芝士（帕瑪森起士）灑到烤盤上，堆成 18 個相互間隔開的小丘。放進已預熱的焗爐，用 190°C（煤氣爐 5 度）焗 5 分鐘，至芝士溶化並開始變棕色。拿出焗爐，待芝士開始冷卻硬化，取下焗爐紙，以芝士薄片佐湯伴食。

燉彩椒伴芝士多士
Pepper Stew & Cheese Toasties

準備時間：25 分鐘
烹製時間：50 分鐘

材料

橄欖油 6 茶匙
洋蔥 1 個，切幼條
紅、青、橙混合燈籠椒（甜椒），去芯去籽，切塊
茴香莖 1 個，修剪後切薄片
蒜頭 3 瓣，切碎，**黑糖** 1 茶匙
罐頭切碎蕃茄 2 罐（每罐約 400 克）
罐頭蔬菜湯 300 毫升（自製見 P.118）
曬乾蕃茄醬 4 茶匙，**紅椒粉** 2 茶匙
茴香籽 2 茶匙，磨碎
鹽適量

多士

三文治麵包（意式烤三明治麵包）2 片
橄欖油 2 茶匙，**酸豆** 2 茶匙
羊奶芝士（起士）100 克
獨活草（Lovage）或**羅勒葉** 2 茶匙，切碎

作法

1. 將油倒入煎鍋，燒熱，輕炒燈籠椒、洋蔥和茴香莖片，攪拌 20-25 分鐘，直到蔬菜軟化，呈淺金黃色。
2. 加入蒜頭、蕃茄、蔬菜湯、黑糖、蕃茄醬、辣椒粉及茴香籽，一同拌至水沸，轉小火，再燉 20 分鐘，至湯汁變濃成漿狀。加鹽調味。
3. 把每片三文治麵包切成兩半，在切開一面灑上油。酸豆洗淨瀝乾。羊奶芝士切片，加上酸豆、獨活草或羅勒葉，夾入麵包中間作三文治。加熱煎鍋，放入三文治，每面烘 2-3 分鐘至金黃色，用煎魚鏟壓平。切成大塊，與燉彩椒伴食。

多一味

芝士獨活草餃子
Cheese & Lovege Dumplings
代替多士作伴食，製法如下：
把 200 克麵粉、200 克植物油脂、75 克磨碎熟車打芝士、2 茶匙切碎獨活草放進碗中，加入少許鹽和胡椒粉，再加 150 毫升冷水，用刮刀搓揉成軟麵糰。把麵糰分 8 份，搓成球狀，然後放進煮好的燉彩椒汁中，蓋上鍋蓋或用錫紙蓋住，保留蒸氣。煮 20 分鐘，直到餃子變得輕盈蓬鬆。

希臘沙律
Warm Greek Salad

準備時間：10 分鐘

烹製時間：25 分鐘

材料

蕃茄 8 個，切碎

青椒 2 個，去芯、去核和切碎

紅洋蔥 1 個，切薄片

蒜頭 2 瓣，壓碎

切碎披薩草（奧勒岡）2 湯匙

特級初榨橄欖油 6 湯匙

菲達芝士（Feta Cheese，菲達起士）200 克

去核黑橄欖 12 粒

鹽和胡椒粉適量

皮塔餅（Pitta Bread，口袋餅），作伴菜

作法

1 將蕃茄、青椒和洋葱均勻地放在淺盤中。

2 混合披薩草、油、大量胡椒粉及少許鹽和蒜頭。將混合調料灑在蔬菜上。放入預熱焗爐，用 200°C（煤氣爐 6 度）烤 10 分鐘。

3 將菲達芝士切成小塊，與橄欖一起撒在蔬菜上。將整道菜放回焗爐，再烤 15 分鐘。配上烤好的皮塔餅，趁熱上桌。

多一味

蒜頭麵包醬
Garlic Bread Sauce

將 1 個小皮塔餅撕碎，與 5 湯匙牛奶置於一個碗內。靜置 5 分鐘，直到麵包軟化。將麵包從碗中拿出，擠出多餘的牛奶。將麵包放入攪拌器，加 2 瓣壓碎蒜頭和 50 毫升橄欖油，打至光滑呈糊狀。再加入 50 毫升油和 2 湯匙白酒醋，再打成糊。加少許鹽和胡椒粉調味，移到一個碗裡。蓋好，冷藏，上桌才取出食用。

綠豆馬鈴薯鍋
Green Bean & Potato Pot

準備時間：25 分鐘
烹製時間：50 分鐘

材料

荷包豆（Runner Beans，紅花菜豆）350 克，去頭和尾，切成薄片
四季豆 200 克，去頭和尾，再分兩半
去莢小蠶豆 150 克
橄欖油 2 湯匙
大洋葱 1 個，切碎
馬鈴薯 700 克，切小塊
蒜頭 4 瓣，壓碎
雪利酒醋（Sherry Vinegar）2 湯匙
粒狀芥末（Graniy Mustard）2 湯匙
淺黑糖 2 湯匙
月桂葉 2 片
罐裝切碎蕃茄 400 克
曬乾蕃茄醬 3 湯匙
鹽和胡椒粉適量

作法

1 將一大鍋水煮沸，加入荷包豆和四季豆，煮 5 分鐘。加入蠶豆再煮 1 分鐘。瀝乾備用。抹乾鍋。
2 倒油入鍋，燒熱，輕炒洋葱和馬鈴薯 5 分鐘，並時常翻炒。蓋上鍋蓋，慢火煮 10 分鐘，直到馬鈴薯變軟，並開始變色。
3 拌入蒜頭、醋、芥末、糖、月桂葉、蕃茄和蕃茄醬。煮滾，然後轉微火，打開蓋子，煨 15 分鐘，經常攪拌，待湯汁變濃稠。

4 將所有豆倒入鍋內，拌勻。煮 10 分鐘至熟透，如果混合物過乾，可加水少許水到鍋內。加少許鹽和胡椒粉調味，上桌。

多一味

加泰羅尼亞蔬菜雜燴
Catalonian Ratatouille

將 2 湯匙橄欖油倒入平底燉鍋或煎鍋，燒熱，放入 1 個已切塊的茄子，慢火炒 5 分鐘。加入 3 個去芯、去核及切塊的紅辣椒，1 個切碎的洋葱和另外 2 湯匙油。慢火煮 5 分鐘，同時攪拌。加入 2 瓣壓碎蒜頭，5 個剝皮及切碎的蕃茄和少許鹽及胡椒粉。蓋上蓋子，慢火煮 10 分鐘，攪拌均勻。如有必要，掀開蓋子後可再煮幾分鐘，直到變稠呈泥狀。配上溫好的麵包，上桌。

無花果羊奶芝士橄欖醬撻
Fig, Goats' Cheese &Tapenade Tart

準備時間：10 分鐘

烹製時間：20-25 分鐘

材料

現成酥皮 350 克，如果冷凍需解凍

普通麵粉，撒料用

蛋液，塗層用

市售或自製橄欖醬 3 湯匙（見 P.48）

成熟的無花果 3 個，分 4 份

車厘茄（聖女小番茄）100 克，切半

軟羊奶芝士（軟質羊奶起司）100 克，磨碎

切碎百里香 2 茶匙

巴馬臣芝士碎（帕瑪森起士）2 湯匙

作法

1 在酥皮的表面撒上麵粉，　薄至變成一個 2.5 毫米厚、20×30 厘米的長方形麵皮，修整邊緣。

2 用叉子在酥皮上劃出 2.5 厘米闊的邊界。將酥皮移到一個烘烤盤上，刷上蛋液，放入已預熱的焗爐，用 200°C（煤氣爐 6 度）烤 12-15 分鐘。

3 從焗爐中取出酥皮，小心按下中心部分以稍微壓平。在中心塗滿橄欖醬，然後在上面鋪上無花果、蕃茄、羊奶芝士、百里香和巴馬臣芝士。

4 將撻放回焗爐，再烤 5-10 分鐘，直到酥皮金黃、芝士溶化和無花果烤熟。可繼續將撻放在已預熱的烤架下，烤至頂部呈棕色，可以用鋁箔覆蓋，以確保酥皮邊緣不烤燶。可依個人喜好配上芝麻菜沙拉，趁暖上桌。

多一味

烤蔬菜羊奶芝士撻
Grilled Vegetable & Goats' Cheese Tart

將 1 個翠玉瓜和 1 個茄子切成薄片，1 個紅辣椒去芯、去核和切四份，再將 1 個紅洋蔥切成薄三角塊。在蔬菜上刷上橄欖油，放在已預熱的烤架下，每面烤 3-4 分鐘，直到變軟。其後按上述食譜烹製，用烤好的蔬菜代替無花果和蕃茄。

香煎豆腐炒飯
Blackened Tofu With Fried Rice

準備時間：25 分鐘，另加醃製時間
烹製時間：20 分鐘

材料

辣青椒（青辣椒）1 個，去核，切碎
生薑 50 克，去皮，切碎
蒜頭 2 瓣，壓碎，**黑砂糖** 2 茶匙
醬油 3 茶匙
硬豆腐 200 克
植物油或**炒菜油** 3 茶匙
青葱 1 把，切碎
粟米芯（玉米筍）175 克，對角切 1cm 長薄片
黃芽白（大白菜）150 克，切絲
市售煮熟絲苗飯或**急凍飯** 275 克
切碎芫荽 5 茶匙

作法

1. 把辣椒、生薑、蒜頭、黑糖和 2 茶匙醬油放進攪拌器攪勻成漿糊狀。豆腐去水，放在廚紙上吸乾，切大塊，放進用非金屬碗內，與辣椒醬混好。密封醃製 1-2 小時。
2. 放 1 茶匙油入煎鍋或砂鍋，大火燒熱。當溫度足夠高時，把醃過的豆腐輕輕放入快炒，偶爾翻轉，炒 5 分鐘至各面呈金黃色，用濾網盛起放入碟中。
3. 把剩下的油放到鍋中，加入青葱和粟米芯，炒 3 到 4 分鐘直至轉棕色。加入黃芽白，續炒 2 分鐘，倒入飯和芫荽，再炒 5 分鐘至飯熱透。灑進餘下的醬油，加芫荽同炒，把豆腐均勻鋪上，再煮 1 分鐘可上桌。

多一味

香草扁豆飯
Herb & Lentil Pilaf

在煎鍋或砂鍋中放進 3 茶匙油，燒熱，放入 1 個切碎洋葱，2 把切碎芹菜梗，小火炒至軟化。加 1 茶匙磨碎孜然籽、1 條肉桂枝、1 茶匙中辣辣椒粉，邊煮邊翻 2 分鐘。加 750 毫升蔬菜清湯，煮滾。加入 200 克洗淨、瀝乾水的青扁豆，慢火煮 5 分鐘。加 200 克未煮的白絲苗米，續煮 12-15 分鐘，至扁豆和飯都煮熟軟化。如飯太乾，可再加些蔬菜上湯。上桌前，灑上青檸（萊姆）汁，拌入 6 茶匙切碎香芹和 4 茶匙切碎芫荽。

椰汁燴秋葵
Okra & Coconut Stew

準備時間：15 分鐘

烹製時間：40 分鐘

材料

秋葵 375 克
植物油 4 茶匙
洋蔥 2 個，切碎
青椒 2 個，去核，切塊
芹菜梗 2 條，切幼條
蒜頭 3 瓣，壓碎
卡疆香料粉（Cajun Spice）4 茶匙
薑黃粉 1/2 茶匙
蔬菜清湯 300 毫升（自製見 P.118）
椰奶 400 毫升
急凍甜粟米 200 克
青檸（萊姆）1 個，榨汁
切碎芫荽 5 茶匙
鹽和胡椒粉適量

作法

1 秋葵莖去頭去尾，將秋葵莢切成 1.5 公分長的小段。
2 在炒鍋或砂鍋裡放 2 茶匙油，燒熱，放入秋葵，炒 5 分鐘。用濾網盛起放入碟中。
3 把剩下的油倒進鍋內，慢火炒洋蔥、青椒和芹菜梗，翻炒 10 分鐘，直至軟而不焦。加蒜頭、卡疆香料粉及薑黃粉，煮 1 分鐘。
4 倒入蔬菜清湯和椰奶，煮滾。蓋上鍋蓋，轉慢火煮 10 分鐘。把秋葵和甜粟米倒入鍋中，加入青檸汁和芫荽，再煮 10 分鐘。加鹽和胡椒粉調味。

多一味

簡易粟米麵包
Easy Cornbread

在碗中混合 150 克玉米粉、100 克中筋麵粉、1 茶匙鹽、2 茶匙發粉、1/2 茶匙磨碎孜然籽、1/2 茶匙乾辣椒碎，加入一個雞蛋、200 毫升牛奶，略攪拌至混勻（不要過度攪拌）。將混合物倒入已抹油的 600 毫升量長條麵包烤模，放進已預熱的焗爐，用 190°C（煤氣爐 5 度）烤 30 分鐘，直到用手觸碰感覺較硬。趁熱上桌，也可放在散熱架待涼。

西西里燉茄子
Sicilian Carponata

準備時間：15 分鐘（等候時間不計在內）

烹製時間：30 分鐘

材料

橄欖油 100 毫升

茄子 2 個，切 3.5cm 立方體

洋蔥 1 個，粗切

芹菜梗 3 條，切幼條

松子 50 克

蒜頭 2 瓣，切碎

罐頭車厘茄（小番茄）400 克，去水粗切

酸豆 2 茶匙，沖淨去水

去核青橄欖 50 克

紅酒醋 3 茶匙

砂糖 1 茶匙

羅勒葉 6 片

鹽和**胡椒粉**適量

硬皮麵包，作伴菜

作法

1 將橄欖油倒入煎鍋中，用猛火煮滾，茄子分兩份入鍋，不時兜炒，煎 5-6 分鐘，直到茄子變軟且呈金黃色，用濾網盛起放入碗中。

2 把油倒出，取 2 茶匙加洋葱、西芹、松子，慢火炒 10 分鐘，至蔬菜變軟並轉金色。將茄子放回炒鍋中，加入羅勒葉以外的調味配料，加鹽和胡椒粉調味。

3 把鍋中蔬菜煮滾，然後轉小火燉 5 分鐘，拌進羅勒葉。離火，靜置 15 分鐘，讓味道混融。可趁熱或冷藏後上桌，可作前菜、配菜或素食主菜。以硬皮麵包伴食。

多一味

馬鈴薯辣椒燉菜
Potato & Pepper Caponata

500 克馬鈴薯去皮，切成 3.5 立方公分粒，用平底鍋加鹽水煮脍，瀝乾水分。在炒鍋中放入 4 茶匙橄欖油，燒熱，按上述食譜慢火炒洋葱、西芹和松子，加入 2 個去核的切塊紅辣椒。如上加入馬鈴薯及其他調味料，用 50 克黑橄欖代替青橄欖。最後加鹽和胡椒粉調味，完成後上桌。

蘆筍馬鈴薯餅

Asparagus & New Potato Tortilla

準備時間：15 分鐘，另加等候時間

烹製時間：40 分鐘

材料

蘆筍 350 克
新薯（小馬鈴薯）400 克
橄欖油 100 毫升
洋葱 1 個，粗切
雞蛋 6 個
羅勒葉 5 克，撕碎
鹽和**胡椒粉**適量

作法

1 把蘆筍硬根部切去，把嫩枝切成 5cm 長。馬鈴薯切薄片。

2 將 50 毫升油倒入直徑 25cm 的煎鍋中，加入蘆筍，慢火炒 5 分鐘，直到蘆筍軟化。用濾網盛起放碟中。把剩下的油倒進煎鍋，放入馬鈴薯和洋葱，慢火煮，間中翻炒，煮 15 分鐘直至馬鈴薯煮脸。

3 將雞蛋打入碗中，加入少許鹽、胡椒粉、羅勒葉，拌匀。把蘆筍加進煎鍋，和其他蔬菜兜拌均匀。把蛋液倒到蔬菜上，轉微火，蓋上鋁箔或鍋蓋，煮十分鐘，至差不多凝固但中間仍有些許晃動。

4 把薯餅的邊緣弄鬆，將碟子倒扣在煎鍋上，讓餅自動脫落。再將餅放回煎鍋，加熱 2-3 分鐘至底部轉硬，倒進乾淨的碟子裡。切成三角形，可趁熱或冷藏後上桌。

多一味

荷蘭醬
Hollandaise Sauce

荷蘭醬可用來塗薯餅，製法如下：
把 1 茶匙白酒醋、2 個蛋黃倒進食物處理器，打匀。將 150 克牛油（奶油）放入小煎鍋加熱溶化，先倒進小壺，然後在食物處理器仍轉動時，慢慢倒入溶化牛油，直至牛油變稠滑。加鹽和胡椒粉調味。如果汁液太稠，可加少許熱水。

香辣羽衣甘藍鷹嘴豆

Spiced Chickpeas With Kale

準備時間：10 分鐘
烹製時間：35 分鐘

材料

植物油 3 茶匙
紅洋葱 3 個，切角
中辣咖哩醬 2 茶匙
罐頭切碎蕃茄 400 克
罐頭鷹嘴豆 400 克，去水
蔬菜清湯 300 毫升（自製見 P.118）
紅糖 2 茶匙
羽衣甘藍（Kale）100 克
鹽和**胡椒粉**適量

作法

1 將油倒入煎鍋，燒熱，放入洋葱，炒 5 分鐘至變色。拌入咖哩醬、蕃茄、鷹嘴豆、蔬菜清湯和紅糖。
2 煮滾，收慢火，蓋上鍋蓋，慢火燉 20 分鐘。
3 拌入羽衣甘藍，慢火續煮 10 分鐘。加鹽和胡椒粉調味，上桌。

多一味

芝麻薄餅
Sesame Flatbread

在大碗中放入 250 克普通麵粉、1 茶匙鹽、25 克芝麻，再加入 3 茶匙植物油及 123 毫升冷水，用刮刀混合成麵糰，如麵糰太乾，可加水少許。將麵糰分作 8 份，在灑上麵粉的檯面上壓成約 2.5cm 厚的薄片。加熱煎鍋，放入薄餅，每面煎約 2 分鐘至淺金黃色。趁熱上桌作伴食。

南瓜甘藍雜豆湯
Squash, Kale & Mixed Bean Soup

準備時間：15 分鐘
烹製時間：45 分鐘

材料

橄欖油 1 湯匙
洋葱 1 個，切碎
蒜頭 2 瓣，切碎
煙熏紅椒粉（Smoked Paprika）1 茶匙
白胡桃瓜（Butternut Squash，奶油瓜）500 克，去皮、去核及切塊
迷你紅蘿蔔 2 條，切塊
蕃茄 500 克，剝皮（自製見 P.8），切碎
罐裝雜錦豆 410 克，瀝乾
蔬菜清湯 900 毫升（自製見 P.118）
法式酸忌廉（法式酸奶油）150 毫升
羽衣甘藍 100 克，撕成一口大小的小塊
鹽和**胡椒粉**適量
意大利香草麵包，作伴菜

作法

1. 將油倒入平底鍋裡加熱，倒入洋葱，慢火炒 5 分鐘，直到軟化。拌入蒜頭和煙熏紅椒粉，略煮片刻，同時攪拌，再加入白胡桃瓜、紅蘿蔔、蕃茄和豆。
2. 將清湯倒入鍋內，加少許鹽和胡椒粉調味，煮滾，同時攪拌。蓋上蓋子，燜煮 25 分鐘直到蔬菜變軟。
3. 將法式酸忌廉拌入湯中，再加入羽衣甘藍，將它按到清湯表面之下。再蓋上鍋蓋，煮 5 分鐘，直到羽衣甘藍剛剛變軟。
4. 舀入碗中，配上溫熱的意大利香草麵包，上桌。

多一味

芝士南瓜辣椒雜豆湯
Cheesy Squash, Pepper & Mixed Bean Soup

油入鍋加熱，放入洋葱輕炒，再按上述食譜加入蒜頭、煙熏紅椒粉、南瓜、蕃茄和豆，再以去芯、去核及切塊紅辣椒代替紅蘿蔔。倒入清湯，再加入 65 克巴馬臣芝士（帕瑪森起士）外皮，加少許鹽和胡椒粉調味。蓋上蓋子，燜 25 分鐘。如上拌入法式酸忌廉，但不要加入羽衣甘藍。濾去巴馬臣芝士外皮，舀湯入碗，撒上新鮮磨碎的巴馬臣芝士，上桌。

洋薑薏米燴飯
Artichoke & Barley Risotto

準備時間：25 分鐘
烹製時間：45 分鐘

材料

洋薑（Jerusalem Artichokes）400 克
牛油（奶油）50 克
薏米（珍珠麥）300 克
不甜的白酒 150 毫升
熱蔬菜清湯 500 毫升（自製見右欄）
馬斯卡彭芝士（Mascarpone Cheese，馬斯卡彭起士）125 克
混合香草 50 克，如細香葱、香芹、龍蒿和蒔蘿（小茴香）
檸檬 2 個，取皮，磨碎
新鮮磨碎的巴馬臣芝士（帕瑪森起士），灑面（撒料）用
鹽和胡椒粉適量

作法

1 將洋薑洗淨並切成薄片。將牛油放入平底鍋，加熱溶化，放入洋薑，慢火炒 10 分鐘，同時攪拌，直到洋薑開始軟化。
2 加入薏米，煮 2 分鐘，同時攪拌。拌入酒，快煮 2-3 分鐘，直至酒被吸乾。一點點加清湯入鍋，每次一勺，至吸收後才加下一勺，同時不斷攪拌。整個過程大約需要 20-25 分鐘，屆時薏米應該軟熟，但保留了一點嚼頭。如有需要，可加多一點清湯。
3 拌入馬斯卡彭芝士、香草及檸檬皮，再煮 2 分鐘。加少許鹽和胡椒粉調味，撒上磨碎的巴馬臣芝士，上桌。

多一味

自製蔬菜清湯
Homemade Vegetable Stock

在平底鍋裡加熱 1 湯匙植物油，放入 2 個已洗淨、削皮和切碎的洋葱，2 條已切碎的紅蘿蔔，已切碎芹菜梗、歐洲蘿蔔及翠玉瓜各 2 個，200 克已去柄及切片的蘑菇（洋菇），用慢火炒 10 分鐘，經常攪拌，直到軟化。加入 3 片月桂葉、小量香芹和百里香小枝。倒入 1.5 升冷水，煮沸。轉小火，打開蓋子，燉 40 分鐘。倒入篩子過濾，待冷。密封，放入雪櫃，可存儲數天，若冷藏可儲存長達 6 個月。

紅蘿蔔扁豆芝麻醬湯
Carrot, Lentil & Tahini Soup

準備時間：10 分鐘
烹製時間：45 分鐘

材料

芝麻 2 湯匙，另備額外分量作灑面（撒料）用
橄欖油 2 湯匙
洋葱 1 個，切碎
紅蘿蔔（胡蘿蔔）500 克，切碎
蔬菜清湯 1 升（自製見 P.118）
切碎的檸檬百里香葉 2 茶匙，另備額外分量作灑面用
乾綠扁豆 150 克，洗淨，瀝乾
芝麻醬 5 湯匙
法式酸忌廉（法式酸奶油）或**希臘乳酪**，作澆頭（淋醬）
鹽和**胡椒粉**適量

作法

1 將芝麻放入平底鍋裡，燒熱至微焦，倒入小碗裡。
2 倒油入鍋內，加入洋葱和紅蘿蔔，慢火炒 10 分鐘，直到變軟。加入清湯和百里香，煮滾。轉微火，蓋上鍋蓋，煮 10 分鐘。
3 倒入扁豆，蓋上鍋蓋，慢火煮 20 分鐘，直到扁豆變軟。離火，靜置 5 分鐘，然後拌入芝麻醬。加少許鹽和胡椒粉調味。
4 舀入碗中，澆上一勺法式酸忌廉或希臘乳酪。撒上芝麻和百里香，上桌。

多一味

蒜香煎皮塔餅
Garlic-fried Pitta Breads

將 4 塊皮塔餅（口袋餅）從中間橫切，變成 8 薄片。將 4 湯匙橄欖油、1 瓣碎蒜頭、1/2 茶匙碎茴香籽和少許鹽、胡椒粉置於小碗中，攪拌均勻，然後刷在皮塔餅的兩面。加熱烤盤或煎鍋，至足夠熱時，放上皮塔餅，每面煎一兩分鐘，直到呈淺金色且變得香脆。與湯一起趁熱上桌。

普羅旺斯燉菜
Provençal Vegetable Stew

準備時間：15 分鐘
烹製時間：55 分鐘

材料

橄欖油 4 湯匙，另備額外分量作灑面（撒料）用
紅洋葱 1 個，切片
蒜頭 4 瓣，切碎
磨碎芫荽 2 茶匙
切碎百里香 1 湯匙
茴香莖 1 個，剪柄及切片
紅辣椒 1 個，去核及切片
蕃茄 500 克，切丁
蔬菜清湯 300 毫升（自製見 P.118）
尼斯橄欖（Nicoise Olive）125 克
切碎香芹 2 湯匙
硬皮麵包片，作伴菜
鹽和**胡椒粉**適量

作法

1. 將油倒入平底鍋裡，燒熱，放入洋葱、蒜頭、芫荽及百里香，慢火炒 5 分鐘，同時攪拌直到洋葱變軟。加入茴香及紅辣椒，煮 10 分鐘，經常攪拌，直到軟化。
2. 2 拌入蕃茄和清湯，加少許鹽和胡椒粉調味。煮沸，然後轉小火，蓋上蓋子，燉 30 分鐘。
3. 倒橄欖和香芹入鍋，不蓋蓋子，煮 10 分鐘。
4. 同時，加熱平底煎鍋至足夠熱，放上麵包片，煎至兩側微焦。把橄欖油淋在麵包片上。
5. 燉菜配上烤好的麵包片，趁熱上桌。

多一味

普羅旺斯醬麵
Pasta With Provençal Sauce

按上述食譜煮濃湯。快煮好時，在另一平底鍋煮沸加鹽的開水，放入 450 克長通粉（Dried Penne），慢火煮 10-12 分鐘，至通粉軟化。瀝乾水分，勺上燉菜作汁，撒上新鮮磨碎的巴馬臣芝士（帕瑪森起士）和羅勒葉，上桌。

歐洲蘿蔔鼠尾草栗子湯
Parsnip, Sage & Chestnut Soup

準備時間：15 分鐘
烹製時間：50 分鐘

材料

市售或自製辣椒油 3 湯匙（自製見右欄），另備額外分量作灑面（撒料）用
鼠尾草葉（Sage Leaves）40 片
大葱（Leek）1 棵，去葉及根、洗淨及切碎
歐洲蘿蔔 500 克，切碎
蔬菜清湯 1.2 升（自製見 P.118）
丁香粉一撮
包裝煮熟的去皮栗子 200 克
檸檬汁 2 湯匙
法式酸忌廉（法式酸奶油），作澆頭（淋醬）
鹽和**胡椒粉**適量

作法

1 將辣椒油倒入平底鍋中，燒熱，加一片鼠尾草葉煎 15-20 秒，直至滋滋作響及變脆。分批炒剩餘的葉子直到變脆，用濾網拿起放到鋪好廚房紙的碟上，待用。
2 在鍋中加入大葱和蘿蔔，慢火炒 10 分鐘，直至軟化。倒入清湯和丁香粉，煮滾。蓋上鍋蓋，轉微火煮 30 分鐘，直到蔬菜徹底變軟。拌入栗子，再煮 5 分鐘。
3 用手動式攪拌器或食品處理器攪拌湯料。加入檸檬汁，以慢火加熱，加少許鹽和胡椒粉調味。
4 舀入碗，澆上少許法式酸忌廉，並灑上辣椒油。最後撒上鼠尾草葉，上桌。

多一味

自製辣椒油
Homemade Chilli Oil

將 300 毫升橄欖油倒入鍋中，加入 6 條乾辣椒、2 片月桂葉和 1 枝迷迭香小支，慢火煮 3 分鐘。離火，靜置至完全冷卻。用水壺或漏斗，倒入可密封的玻璃瓶，加入辣椒和香草，蓋好。使用前，在陰涼的地方存放一個星期。辣椒油將在存儲過程中變得更辣。可按上述食譜使用，也可用在意大利麵和披薩餅，或任何要增加一點辣味的菜餚。

薏米啤酒蘑菇餡餅
Barley, Beer & Mushroom Cobbler

準備時間：30 分鐘

烹製時間：1 小時 40 分鐘

材料

牛油（奶油）50 克，**白蘑菇** 500 克，去柄、厚切片

洋葱 1 個，切片，**蕪菁甘藍**（Swede）1 個，約 450 克，去皮、切塊

麵粉 1 湯匙，**烈麥酒** 400 毫升

蔬菜清湯 300 毫升（自製見 P.118）

薏米（珍珠麥）75 克，**粒狀芥末** 2 湯匙

碎迷迭香 1 湯匙，**低脂忌廉**（低脂鮮奶油）4 湯匙

餡餅

低筋麵粉 175 克，另備額外分量作灑面（撒料）用

有鹽牛油 100 克，切成小塊，**格魯耶爾芝士**（Gruyères Cheese）75 克，磨碎

牛奶 50 毫升，另備額外分量作塗面用

作法

1. 熱溶一半牛油，炒蘑菇 10 分鐘，盛起。倒入剩下的牛油，加熱溶化，加入洋葱和甘藍，炒 8-10 分鐘至變色。加入麵粉，煮 1 分鐘，同時攪拌。拌入麥酒和清湯，沸後加入薏米、芥末和迷迭香。蓋上鍋蓋，用 180°C（煤氣爐 4 度）烤 50 分鐘至 1 小時。
2. 製作餡餅。將麵粉倒入食品處理器中，加入牛油，打碎，直到呈麵包屑狀。加入芝士及牛奶，拌至麵糰狀，若太乾可加點牛奶。麵糰放到撒上麵粉的檯面，　薄至 1.5 厘米厚，用 4 厘米切刀切出圓形麵餅，剩下的　成一團。調高爐溫至 220°C（煤氣爐 7 度）。蘑菇和忌廉拌入砂鍋調味。烤餅排在砂鍋周邊，刷上牛奶。放回焗爐，開蓋烤 20-25 分鐘至金黃色。

多一味

椰菜花芹菜餡餅
Cauliflower & Celeriac Cobbler

熱溶 25 克牛油，放入 1 個切片洋葱，炒軟。加入 1 個切成小花的椰菜花（花椰菜）、450 克去筋切粒的塊根芹（Celeriac）、2 茶匙孜然籽碎、1/2 茶匙芹菜鹽和 1/4 茶匙卡宴辣椒粉（Cayenne Peppers），慢火炒 5 分鐘。加入 2 湯匙麵粉，煮 1 分鐘，同時攪拌。離火，拌入 750 毫升蔬菜清湯。煮沸後，蓋上蓋子，如上烹煮，鋪上忌廉（鮮奶油）和烤餅。撒上切碎的香芹，上桌。

香料黑豆椰菜
Spiced Black Beans & Cabbage

準備時間：15 分鐘

烹製時間：30 分鐘

材料

牛油（奶油）40 克

大洋葱 1 個，切碎

小紅蘿蔔 150 克，洗淨

市售或自製摩洛哥綜合香料 1 湯匙（自製見右欄）

蔬菜清湯 500 毫升（自製見 P.118）

新薯（小馬鈴薯）200 克，洗淨切塊

罐裝黑豆 400 克，洗淨，瀝乾

椰菜（高麗菜）或**嫩椰菜**（嫩甘藍菜葉）175 克

鹽適量

作法

1. 將牛油放入平底鍋裡，加熱溶化，慢火炒洋葱和紅蘿蔔 5 分鐘，直到洋葱變軟。加入混合香料，炒 1 分鐘。
2. 倒入清湯，煮滾。調至最低溫度，拌入馬鈴薯和黑豆。蓋上蓋子，慢火煮 15 分鐘，直到蔬菜變軟，汁液稍變稠。
3. 椰菜切去粗莖，然後捲起葉切細絲。加入鍋中，再煮 5 分鐘。如果有必要，加少許鹽調味，上桌。

多一味

摩洛哥綜合香料
Homemade Ras El Hanout Spice Blend

將孜然、芫荽及茴香籽各 1/2 茶匙放入缽中，用杵舂碎。加入 1 茶匙黃芥末籽，各 1/4 茶匙肉桂粉及丁香粉，與其他香料一齊研磨。另外，也可用小型磨咖啡豆機或香料研磨機來研磨香料。

馬斯卡彭芝士烘蔬菜
Vegetable & Mascarpone Bake

準備時間：15 分鐘
烹製時間：1 小時 40 分鐘

材料

牛油（奶油）75 克，**茴香莖** 500 克
檸檬汁 1 湯匙，**雞蛋** 4 個
翠玉瓜（西葫蘆）450 克，切片
馬斯卡彭芝士（起士）250 克
蒜頭 2 瓣，壓碎
艾門塔爾芝士（Emmental Cheese，艾曼達起士）100 克，磨碎
牛奶 150 毫升
切碎香芹 2 湯匙
鹽和**胡椒粉**適量

作法

1 在 2 升容量烤盤中，均勻地灑上牛油，放入已預熱的焗爐，用 180°C（煤氣爐 4 度）烤 5 分鐘，直到溶化。同時，切碎茴香莖，保留葉子。將茴香放進烤盤，翻轉搖晃，以沾上牛油，再淋上檸檬汁，並加少許鹽及胡椒粉調味，拌勻。蓋上蓋子，烤 40 分鐘。
2 加入翠玉瓜，和其他配料一起攪拌。將烤盤放回到焗爐，不加蓋，再烤 30 分鐘。將雞蛋、馬斯卡彭芝士、蒜頭、一半的艾門塔爾芝士及牛奶混拌，倒在烤蔬菜上，撒上剩餘的艾門塔爾芝士。將焗爐溫度降到 150°C（煤氣爐 2 度），放回到焗爐，再烤 30 分鐘。
3 配上茴香葉和香芹碎，上桌。

多一味

夏季蔬菜香草煎蛋餅
Summer Vegetable & Herb Frittata

將 800 克翠玉瓜剝皮，切兩半，舀出種子。將翠玉瓜切片，在碗裡用 25 克海鹽搖勻。靜置 20 分鐘，用冷水洗去表面鹽分。放到廚房紙層間，拍乾。

將 50 克牛油放入平底鍋中，加熱溶化，輕炒翠玉瓜 10 分鐘，經常攪拌至呈淡金色。拌入 2 茶匙切碎的香薄荷和大量辣椒。將 6 個雞蛋及 4 湯匙低脂忌廉（鮮奶油）倒入碗中，攪拌均勻，再倒入油鍋中，慢火加熱，並將其他食材從鍋的側邊推到中間，以沾上未煮熟的蛋液。當混合物開始變硬時，慢火煮幾分鐘，然後轉移到已預熱的烤架上烤約 5 分鐘，直到表面金黃且餡料凝結成形。

克什米爾咖哩南瓜
Kashmiri Pumpkin Curry

準備時間：20 分鐘
烹製時間：25 分鐘

材料

洋葱 2 個，分 4 份
大蒜 2 瓣，去皮
生薑塊 4cm，去皮及切片
大紅辣椒 1 個，分兩半和去核
孜然籽 1 茶匙，磨碎
芫荽籽 1 茶匙，磨碎
小荳蔻（Cardamom pods）5 個，磨碎
南瓜 1.4 公斤，去皮和去核
牛油（奶油）15 克
葵花籽油 2 湯匙，薑黃粉 1 茶匙
紅辣椒粉 1 茶匙
肉桂棒 1 條，分兩半
蔬菜清湯 450 毫升（見 P.118）
濃忌廉（Double Cream，高乳脂含量鮮奶油））150 毫升
開心果 50 克，切碎，
芫荽 1 小把，撕碎
鹽和胡椒粉適量
熟米飯及印度烤薄餅，作伴菜

作法

1 將洋葱、大蒜、生薑和辣椒放入攪拌器打至細碎，或用手工切碎。拌入磨碎的孜然籽、芫荽籽和小荳蔻。

2 將南瓜切成 2.5 厘米的三角塊，再將三角塊切半。將牛油置於一個大煎鍋中，加熱溶化，放入南瓜，炒 5 分鐘，直到呈淺棕色。把南瓜推到鍋的一側，加入洋葱混合物，炒 5 分鐘左右，直到開始變色。

3 將薑黃粉、紅辣椒粉和肉桂倒入鍋中，略煮，然後拌入清湯。加少許鹽和胡椒粉調味，煮滾。蓋上蓋子，轉慢火燜 10 分鐘或直至南瓜剛熟。

4 拌入一半忌廉、一半開心果和一半芫荽葉，慢火煮至熟透。澆上剩餘的忌廉，撒上剩餘的開心果和芫荽，配上準備好的米飯和烤薄餅，上桌。

多一味

克什米爾茄子咖哩
Kashmiri Aubergine Curry

按上述食譜煮咖哩，用 2 個已切成 3.5cm 小粒的茄子代替南瓜，再加入 200 克去頭及尾並切半的四季豆和清湯。如上以忌廉和芫荽作澆頭（淋醬）和灑面（撒料），但用 50 克切碎去皮杏仁代替開心果。

甜菜羊奶芝士脆餅
Beetroot & Goats' Cheese Crumble

準備時間：25 分鐘
烹製時間：1.5 小時

材料

甜菜 1 公斤
小洋葱 500 克，分四份
橄欖油 4 湯匙
葛縷籽（Caraway Seed，又譯凱莉茴香）1/2 茶匙
麵粉 75 克
檸檬百里香碎 1 湯匙，另備額外分量作裝飾
牛油（奶油）40 克，切成小塊
軟羊奶芝士（起士）200 克，切成薄片
鹽和**胡椒粉**適量

作法

1. 洗淨甜菜，切成細三角塊。與洋葱放於烤盤中，灑上油。撒上葛縷子籽，加入少許鹽和大量辣椒。放入已預熱的焗爐，用 200°C（煤氣爐 6 度）烤約 1 小時，直到蔬菜變軟熟。烹調過程中攪拌一至兩次。
2. 同時，將麵粉和檸檬百里香放在一個碗裡，加入牛油，用手指揉搓，直到混合物呈細麵包屑狀。
3. 將羊奶芝士散落在蔬菜上，並撒上已弄碎的麵粉混合物。放回焗爐，烤 25-30 分鐘，直到餡料呈淡金色。撒上百里香，可按個人喜好配上西洋菜或芝麻菜，上桌。

多一味

烤根菜辣根脆餅
Roasted Roots With Horseradish Crumble

將 750 克歐洲蘿蔔、500 克塊根芹去皮切成小塊，與 500 克切四瓣的紅洋葱置於淺烤盤中。淋上橄欖油，按上述食譜放入焗爐烤，並準備脆餅面層。將 200 毫升低脂忌廉（低脂鮮奶油）及 2 湯匙辣根醬混合，倒在烤蔬菜上，然後撒上脆餅，如上入焗爐烤。